# 拥有社会能力才能适应将来

吕 梅·编著

吉林文史出版社

## 图书在版编目（CIP）数据

拥有社会能力才能适应将来 / 吕梅编著. —长春：吉林文史出版社，2017.5

ISBN 978-7-5472-4184-4

Ⅰ.①拥… Ⅱ.①吕… Ⅲ.①能力培养—青少年读物 Ⅳ.①B848.2-49

中国版本图书馆CIP数据核字（2017）第107622号

## 拥有社会能力才能适应将来
Yongyou Shehui Nengli Caineng Shiying Jianglai

编　　著：吕　梅

责任编辑：李相梅

责任校对：赵丹瑜

出版发行：吉林文史出版社（长春市人民大街4646号）

印　　刷：永清县晔盛亚胶印有限公司印刷

开　　本：720mm×1000mm　1/16

印　　张：12

字　　数：129千字

标准书号：ISBN 978-7-5472-4184-4

版　　次：2017年10月第1版

印　　次：2017年10月第1次

定　　价：35.80元

# 目 录
**CONTENTS**

# 最能打动人心的说话态度 ——诚实

近年来很流行《演讲与口才》之类的关于教人如何说话，如何在人际交往中展现自身魅力的书籍。俗话说"路遥知马力，日久见人心"，其实，人与人之间的交往非常简单，最能打动人心的就是诚实。凭借着一时的钻营取巧或许能取得别人的好感，但要想长期与人交往，打动人心，唯有诚实。

莎士比亚说："老老实实最能打动人心。"意指只有诚实才能打动人心，赢得人们的信任。很久以前，有一位老国王，由于没有子嗣可以继承他的王位，他决定从全国适龄的少年中挑选一名继承人。少年们必须从他那里领取一粒不知名的花的种子，最终看谁的花最漂亮就将皇位传给谁。有一个十分贫穷的男孩子也领取了一粒种子，他每天小心翼翼地呵护这粒种子。时间一天天过去，转眼就到了花期，所有人都要把自己种的花拿给国王评比，可是男孩儿的种子却始终都没有发芽。当大家都抱着各种美丽的花志在必得地走进皇宫时，男孩儿只能抱着自己的空盆子硬着头皮跟在队伍后面。玫瑰绽放着娇艳的花瓣，白玉兰散发着清甜的花香，三色堇似迎风起舞的蝴蝶……只有他的花盆里可怜兮兮的没有花。老国王看着一盆接一盆美丽的花，脸色却越来越失望，直到看见他的光秃秃的花盆。"别人的花都开了，你的花呢？""虽然每天都小心翼翼地看护着种子，但它却根本没有发芽……"男孩子羞愧地低下头。国王非常开心地牵起男孩儿的手宣布找到了继承人。原来国王发给大家的种子事先都煮熟了，根本不可能发芽的，而小男儿孩是唯一一个说话诚实的人。最终这个男孩儿继承了王位，成为了一位英明的君主。

诚实的说话态度最能打动人心，而不诚实的说话态度却能轻易地伤人。

曾有著名演员为三鹿慧幼婴幼儿奶粉做过代言，还在广告中不断宣称三鹿奶粉是专业级的生产、是品牌产品，品质有保证，让人放心大胆地食用。结果在2008年9月，三鹿奶粉被发现含有致婴幼儿肾结石病的三聚氰胺，根本不能给婴幼儿食用。类似的例子还有许多。

名人们由于已经有了广大的群众基础，所以当他们以一种不诚实的说话态度面对公众时，广大群众很容易被误导，造成的危害也极大。最终损害的不仅是受害的消费者，也极大地损害了名人们在百姓心中的形象。不仅仅是名人，当我们面对公众时如果不拿出一种诚实的说话态度，也极容易造成社会危害。

关于诚实这个话题，我不想再说什么"狼来了"那种俗套而遥远的故事，毕竟现在狼已经十分怕人了，故事中的小孩儿已经为自己的不诚实付出了生命的代价。但这个故事并不是最严重的代价，一个人如果不诚实，甚至会危害整个社会。

2006年11月20日早晨，地点在南京，一个名叫彭宇的年轻人像往常一样乘坐公交，下车的时候他发现一位老太太被撞倒在等候公交的站台边。他上前两步扶住老人，稍后旁边又来了一个年轻男子扶住老人。"真是太感谢你们了！"老人连忙说。彭宇同另外一个男子赶快将老人送至医院并联系到老人的子女。这本是个助人为乐的故事，谁知后面发生了转折。事后，老人称将其撞倒的正是彭宇，并将其状告到法庭上，一审判决彭宇赔偿老太太45876.6元。

故事里面的老太太在法庭上说话不诚实，不仅严重地伤害了彭宇的心，更导致了百分之八十的中国人再也不敢扶老人这个严重的诚信危机。这最终又将反作用于老人，说话不诚实，不仅伤害别人，还会损伤自己的利益。如果老太太能以一种比较诚实的态度对待此事，就不至于引发社会诚信危机。

一个说话不诚实的人，内心所折射出的是严重的不可靠人品。一个社会如果陷入诚信危机，将致使整个社会的冷漠与猜忌

7

增多，也必将导致原本不必要的社会管理成本增加。2011年10月13日下午5时30分，中国将铭记这个时刻，位于广东佛山南海黄岐广佛五金城内，一个叫作王悦的不到两岁的小女孩儿，先后被两辆车所碾压。7分钟内，旁边经过了18个路人，但无一人问津。最终被一个路过的清洁工阿姨所救。送至医院后，虽经医生奋力施救，仍然没能挽回她的生命。

社会诚信的质疑导致了社会的冷漠，然后社会的冷漠杀死了这个小女孩儿。你还觉得说话不诚实只是一件小事吗？你还觉得说话不诚实只关乎你个人吗？你觉得在公众面前你可以不诚实吗？

荀子曰："天地为大矣，不诚则不能化万物；圣人为智矣，不诚则不能化万民；父子为亲矣，不诚则疏；君子为尊矣，不诚则卑。"

北宋真宗年间有一个著名的词人名叫晏殊，这个人平日里对任何人都非常诚实，素有美名。他14岁的时候就能写出一首首工整华丽的文章，被誉为神童，有人把他推荐给皇帝。他被皇帝允许同一千多名进士一起参加考试，令晏殊感到惊讶的是考试题目正好是自己十几天前做过的。晏殊放弃了这一千载难逢的好机会，如实地禀告了宋真宗，并请求更换考试题目。宋真宗立刻被他的这种诚实的品质所打动了，就赐给他"同进士出身"。宋真宗年间社会比较太平，京城里的官员平日里比较流行到郊外游玩或者到酒楼举办各种酒会、茶会、宴会。晏殊的家里比较贫穷，没什么钱参加官员们的高级宴会，所以只好在家同兄弟们勤学苦读。有一天宋真宗突然擢升晏殊为辅佐太子读书的东宫官，这好处不言而喻，能够成为未来皇帝的老师，一生仕途无忧了。然而宋真宗为什么会做这样的决定实在是让其他官员百思不得其解，因为晏殊并没有表现出非凡的才能。"朕这样决定是经过了深思熟虑的，近来你们只知道吃喝玩乐，而人家晏殊则专心在家搞学问，正适合教授太子。"宋真宗对众大臣说。晏殊赶紧谢恩说："皇上您错爱了，其实我也很想参加宴会游玩，只是我家里比较穷，没钱而已。等我有钱了也迟早会参加宴会游戏的！"晏殊话语中透露出来的诚实让宋真宗更加信任他了，也让百官更加尊敬晏殊了。

与之相对，历史上有个国家则因为国君的不诚实而灭亡。

周幽王特别宠爱自己的妃子褒姒，但是这个美人从来不笑。为了博得她的一笑，周幽王听从了属下的建议，下令点燃了都城附近二十多座烽火台。烽火台只有在外敌入侵时才会点燃，这样各地的诸侯们会来救援。周幽王同时点燃了附近所有的烽火台就相当于对他所有的将帅士兵们说："国家有危难了，快来营救！"可是当所有军队匆匆赶来的时候竟然发现他们的意义仅仅在于被国君拿来博取宠妃一笑而已，顿时所有军队都不再相信周幽王了。直到5年后，敌人大举进攻周国，周幽王慌忙下令点燃烽火台，可是无论这次局势再怎么危机，诸侯军队再也不愿意去了，他们以为这又是一次"狼来了"的故事，结果周朝灭亡了。周幽王被迫自刎，褒姒也被俘虏了。

　　所谓己所不欲勿施于人，当你在淘宝上购买商品的时候，你是愿意选择那些信用比较高、说话比较诚实的店主呢，还是愿意选择那些信用级别比较低、甚至还有欺诈消费者先例的店主呢？答案是显然的，你会选择那些信用良好的店家，因为信用良好意味着说话诚实，不会欺骗你。最能打动别人的说话态度是诚实，诚实不仅仅指实话实说，更包含着诚信的内在意蕴。然而该如何做到诚实诚信呢？

　　首先，学会尊重别人，没有这一点根本无法做到"诚"，诚这个字的意思是说要想做成一件事，首先必须用"心"。所谓"精诚所至,金石为开"说的也正是这个道理。海尔电器畅销海内外，它的秘诀就在于"真诚到永远"。

　　其次，信守承诺，尽量完成答应别人的事。有个成语叫做"一诺千金"，说的是秦朝末年一个叫作季布的人，他的信誉非常好，以至于所有人都愿意跟他建立良好的交情。当时盛传：得黄金百两，不如季布一诺。因为黄金百两虽然珍贵，但毕竟是可以估量的价值，而且黄金还可能丢失，然而季布的一次承诺则是无价，千难万险他都在所不惜，从不用担心他会不遵守承诺。

　　再次，守时。这是对别人表达尊重、表达诚意的基本要求。鲁迅说过，浪费别人的时间就等于谋财害命，浪费自己的时间就等于慢性自杀。上课迟到了，老师会非常生气，即使你实话实说自己昨天晚上做作业到很晚早上睡过头之类的，但老师还是会非常生气。因为你虽然做到了"实"，但却没有做到"诚"，没有表达对老师的尊重。

　　最后，培养耐心。很多时候并不是你想表达诚实就可以做到的，你必须等到别人有时间来听才行。此外你还要学会培养自己的耐心，否则"诚实"就会被别人理解为狡辩，失去了原本的意义。即便你非常诚实地表达了自己的态度，还要给别人时间来判断你的诚实。《笑傲江湖》中令狐冲曾经被诬陷偷了他师傅的《紫霞秘籍》，令狐冲非常诚实地解释说并非自己所为，但整个华山派仍然对他十分怀疑，直到后来令狐冲二师弟的卧底身份暴露了，《紫霞秘籍》的事情水落石出，令狐冲的诚实才最终得到了证明。

# 学会聆听

当我虔诚地跪在归元寺的双面菩萨脚下仰望菩萨的时候，菩萨慈眉善目，亦俯视着我连同我身边磕头祈祷的求福的人群。没有许愿，只是静静凝望着她微闭的双眼，那莲花台之上端庄肃穆的姿态，那微微翘起的嘴角，那聆听四方的双耳。她没有说任何话，也没有移动莲步，甚至连衣角都不曾浮动，却赢得了万民的尊敬和朝拜，只因为她懂得聆听……

善于聆听的人比善于演讲的人更容易获得别人的好感和尊重，就像大慈大悲的观音菩萨，因为懂得聆听所以慈悲。每一个人都需要被聆听，愿意停下倾诉而去聆听别人的人怎么会不慈悲？人民的好公仆焦裕禄，没有选择空谈理论治理一方，而是选择了用自己的实际行动去贴近全国最贫穷的兰考县的老百姓，用

自己的实际行动深入群众，聆听老百姓内心的呼声，赢得了广大人民的拥护。

善于聆听更能帮助我们判断，"兼听则明，偏信则暗"，聆听能够帮助我们了解事物，从而做出正确的判断，提高做事效率。乔·吉拉德是美国著名的推销员，他所保持的世界汽车销售纪录是连续12年平均每天销售6辆车，至今无人能破。推销汽车是一件很不容易的事，但是他却能够在15分钟内就让消费者对他产生好感。这是为什么呢？因为他是一个善于与人交往的人。乔·吉拉德对人从来不矫揉造作，并且总能让别人感觉到他对人的喜欢、关心是发自内心的。每当他遇到一个陌生的人，他总有办法与对方攀谈起来，就像是老朋友一样。他交往的秘诀就是与人交谈尽量少谈自己的事情，多谈对方的事情。通过谈对方的事情，乔·吉拉德不仅可以更多地了解对方是做什么的、有什么爱好、适合哪一款汽车等，更重要的是，乔·吉拉德让对方感觉到了尊重，他们会感觉到乔·吉拉德对自己的兴趣和关心，这就是乔·吉拉德成功推销汽车的秘诀。

聆听是一种增加学识的好方法，是借用他人的智慧来丰富自己的头脑。季羡林先生是著名的思想家和文学家。有一次，季羡林做客央视"百家讲坛"，当主持人向他请教，青年人如何才能拥有丰厚的文化积淀和美德修养时，季羡林先生回答说："在这个问题上，我不知道是否有捷径可走。以我之见，学会聆听当是最好的选择。"听了季羡林先生的话，在场的人无不鼓掌称叹。

聆听能够让自己的思想趋于理性，变得更成熟，从而完善自我。唐太宗李世民是一代明君，然而在他最初执政的几年里却并不能做到心平气和地接受大臣们的建议。一代谏臣魏征因为屡次进言，在朝堂上直接驳回皇帝的旨意，让李世民心里十分窝火。回到后宫的时候，李世民忍不住大骂魏征，并威胁总有一天要把魏征这个老匹夫给灭了。长孙皇后听到李世民的抱怨后连忙避退，换了一身百官朝拜时才穿的皇后正装，对着李世民行礼说："恭喜皇上！"李世民十分吃惊，连忙问为什么。"臣妾听说朝堂上有贤明的君主在，大臣才敢直谏。如今魏征敢多次顶撞皇上，不正说明陛下是明君么！"李世民听后大喜，这才放下了对魏征的成见，并且大大褒奖魏征，至此朝堂上直谏成风，开创了一代盛世。如果李世民不能聆听长孙皇后的意见，就会非常不理智地杀了魏征，也就没有后来的"以人为镜"的美誉了。学会时时刻刻以一种比较谦虚的态度聆听他人的建议，对于学生来说是非常重要的。俗话说"不听老人言，吃亏在眼前"，听家长的话能让我们明白事理，听老师的话能让我们长知识。善于聆听的人在通向成功的路会更平坦。

　　聆听是一种美德。上帝给人们两只耳朵，一张嘴，其实就是要我们多聆听少说话。善于倾听别人的话是一种高雅的素养，表达了对说话者的尊重，人们也往往会把忠实的听众视作可以信赖的知己。有一天，有人向所罗门王敬献三个小金人，并请所罗门王判断哪一个最珍贵。这三个小金人形态一模一样，重量分毫不差。有个睿智的大臣告诉所罗门王："拿一根草，从它的耳朵捅进去，看从哪儿出来，就能够知道了。"第一个小金人，草从左耳朵捅进去，从右耳朵出来了。第二个小金人，草从左耳朵进去，却从嘴里出来了。第三个小金人，草也从左耳朵捅进去，结果掉到肚子里，不出来了。所罗门王恍然大悟，说："我明白了，第三个小金人最贵重！"第三个小人之所以最珍贵，就在于它体现了聆听的美德。

我们已经了解了聆听的好处，那么到底什么是最好的聆听呢？充耳不闻的聆听？装模作样的聆听？选择接收的聆听？聚精会神，努力听每一个字的聆听？以理解为目的，站在说话者的角度理解他们的思维模式和感受的移情聆听？如果可以选择聆听者，你希望当你讲话的时候你的聆听者是怎样的表现？很显然，我们最喜欢第五种聆听者。推己及人，当我们作为聆听者的时候应该怎样聆听呢？

首先，有修养的聆听者会注视着说话的人，保持目光的接触而不是东张西望，目光闪躲是不礼貌的。有的女孩子在与别人谈话的时候比较害羞，常常低下头去，或者看旁边的景物，其实这些大可不必。女孩子应该大大方方的，目光与说话者平视，不卑不亢。男孩子在与别人谈话的时候不可以过分地盯着别人看，这样会让说话者感觉不自在；其次，单独听对方讲话的时候，身子应该稍稍前倾，靠近说话的人，以表示出对所说话题的兴趣。不同于在公共场合，单独聆听对方讲话的时候可以适当地表现出亲近，如果仍是正襟危坐则显得刻意拉开距离；再次，聆听别人说话的时候要始终面带微笑，表情自然地随着对方谈话内容的变化而产生相应的变化，并且恰如其分地赞许或者点头。为什么我们对着木头无法产生说话的兴趣，是因为它根本不能回应说话的人；最后，切忌中途打断别人，不管如何都要等别人说完再提出自己的意见，中途打断别人的话是非常不礼貌的。有时候在课堂上，老师的问题还没有问完，马上有学生争着回答，被点起来的时候又不明白老师问的问题，这是非常失败的聆听。聆听别人说话的时候也要注重交流，要适时而恰当地提出问题，配合对方的语气表述自己的意见，一段愉快的谈话需要双方共同积极地参与。

聆听是一种习惯，习惯是长期养成的。一个一向性格急躁的人根本不可能长时间耐心地聆听别人的谈话，这就要求我们平时要有意识地培养自己聆听的习惯。

专心，无论是听父母的叮嘱或者老师讲课又或者是听同学发言。聆听的时候如果不专心，很容易出错，父母明明告诉你厨房里的碗筷刀具各有用途，生食熟食要分开，你不专心，结果犯错了导致拉肚子。老师明明让你背诵唐宋八大家的文章，你却记成了建安七子，这不是找不痛快吗？耐心，别人说完了你再说，听清楚了别人说什么你再说，不说总比说错了好。细心，细节决定成败，有时候我们之所以做错事，就在于我们根本没有听清楚别人说什么。当老师让你评价别人的发言，要求区别于其他同学的评论，要有新颖性，结果你根本没有听仔细，说了与别人相同的观点。虚心，虚怀若谷方能海纳百川。不管别人说的有多么的不可思议，也不要管别人说的与你的意见是否一致，你要能够虚心地听取不同的声音，这样才能改正自己原本可能不对的观点。你有一个苹果，我也有一个苹果，我们交换之后仍然只有一个苹果；可是，你有一种思想，我也有一种思想，相互交换之后我们都有两种思想了。可是别人在交流思想的时候你不注意虚心聆听，那么损失的就是你。用心，不盲从，有选择性地听取。聆听的意义就在于能够从别人说的话中找出对自己有用的信息，如果不假思索地全盘接收，也不注重去伪存真、去粗取精，那么你的脑袋就是别人的垃圾桶。碰到有用的信息也要以一种批判的眼光去判断，这样有助于加深理解记忆。

学会聆听自然，你将会感受到别样的美丽：春之美、夏之艳、秋之媚、冬之韵。

学会聆听他人，你将成为一个受欢迎的人、有魅力的人、有智慧的人、别具匠心的人。

# 不做没有意义的争辩

讨论问题使人越来越聪明，争论问题使人越来越愚蠢。思想的碰撞能够激荡起智慧的火花，有时候却也能够带来不必要的争辩。只要存在人与人之间的交流，争辩就在所难免。那么我们该如何应对争辩呢？对待争辩，我们要做到的就是有意义的就去争辩，没有意义就不去争辩。

什么才是有意义的争辩呢？

寸土必争。《新唐书·李光弼传》："（光弼曰）两军相敌，尺寸必争。"涉及国家领土问题的争端，我们应当坚决争辩，维护本民族的利益。

学问之争。梁宗岱教授是我国著名的翻译家、诗人，他翻译的《蒙田随笔》《莎士比亚十四行诗》等，广为流传；他的诗学理论，至今仍受到学界关注。然而，梁教授的好争辩也是出了名的，在游学欧洲的时候曾与徐志摩就"诗"的问题，在巴黎卢森堡公园旁边，一碰头便不住口地吵了三天三夜。梁宗岱对待学问非常执著，对于自己认为不正确的观点坚决进行争辩。然而这种学术之争是活跃学术气氛、促进科学繁荣的一种必要的形式，春秋战国时期的"百家争鸣"就是如此。学术上的争辩更容易让人区分什么是"真科学"、什么是"伪科学"，事越辩越清，理越辩越明。这里的争辩更是一种批判性精神，不同于亦步亦趋、人云亦云，这种争辩会促进学术的创新，极大地解放人的思想。

国计民生之争。近年来城管不文明执法屡见于报纸电视，引起了广泛的议论，人们纷纷谴责城管的暴行，谴责制度的不完善。于是在舆论的强大压力下，城管尝试着文明执法，促进社会和谐。这种有关民生的事情，必须争论，如果不争辩，老百姓的利益怎么得到维护？近日看到安徽电视台播出的一则新闻，讲的是某个地方聘请老大妈为协管，苦口婆心地说教劝服小商小贩规范经营。姑且不论这种做法是否合理，但就城市管理部门聘请老大妈这件事情上就可以看出之前就暴力执法问题的争论已经引起了各方的关注，这种争辩已经带来了好的开端。

老子曰：夫唯不争故天下莫能与之争。这句话告诉我们，不做没有意义的争辩。什么是无意义的争辩呢？

为了表现自我而去争辩是毫无意义的。富兰克林曾经说过："如果你一味地去争强，去争辩，即使你占了上风，这种胜利也是得不偿失的，因为你永远无法取得对方的认可。"那种为了表现自我而去争辩的行为是非常不明智的，它其实是一种虚荣心在作怪，为了面子而用争辩去引起别人的注意，实际上输掉了气度。一个真正做大事的人是不会把时间浪费在同别人争辩上面的。就比如说你同别人争论"到底先有鸡还是先有蛋"，这种无意义的争辩只会损伤你的自控能力，让你变得更容易冲动，做出更多不可理喻的事情来。同别人交流的意义不在于说服别人，而在于让别人赞同你的观点。中国人非常在乎面子，认为没有争辩胜利，就输了面子，因而争论，结果却闹得不欢而散。

对于别人无心的过错不需要争辩。子曰：人不知而不愠不亦君子乎？有一个女孩子在电影院一楼看电影，旁边坐着一位军人，电影还没有开始，许多人陆陆续续地找座位。这个时候一个戴着红领巾的小学生扶着一位老奶奶走了过来，"红领巾"看了看手中的电影票，又看了看女孩儿和那位军人，最终把目光锁定在军人身上。"你占了老奶奶的座位！""红领巾"义正词严，军人看了看"红领巾"手中的电影票，说了声抱歉后转身就走。电影开场后，女孩儿还在回想座位的事，又看了看老奶奶手中的票，惊讶地发现原来不是军人占了座位，而是老奶奶找错了位置，老奶奶应该在二楼。你看懂了吗？那名军人显然是知道的，但是他却没有为自己争辩。不争辩，显示的是一种气度！

带有成见的争辩是无意义的。有句话说的是"你无法叫醒一个装睡的人"，同样的，你无法同一个对人或者对事有偏见的人

争论。懂你的人，你不需要去争辩；不懂你的人，你争辩也没有用。你必须要记住你是来同别人交流的，不是来同别人争辩的。

大约在19世纪，美国有一位青年军官个性好强，并且总爱与人争辩，所以经常和同僚发生激烈争执。林肯总统因此处分了这位军官，并说了一段深具哲理的话："凡是成功之人，必不偏执于个人成见，更无法承受其后果；这包括了个性的缺憾与自制力的缺乏。与其为争路而被狗咬，毋宁让路于狗。因为即使将狗杀死，也不能治好被咬的伤口。"就像网络上流行的一句话：永远不要和白痴争辩。因为他会把你的智商拉到和他同一水平，然后用丰富的经验打败你！不做没有意义的争辩，即使口头上输了，但其实我们得到了更多。

在激烈的争辩当中，即便你的观点是正确的，有时候也并不能显示出你的智慧，相反，那和愚蠢的错误没什么区别。对于一个真正有思想的人来说，争辩永远不会使他心服口服，只有弱者才会向别人不停地解释自己的行为。如果你对自己足够有信心，在事实面前，对方认不认同都无所谓。智慧的人会让自己洒脱地游离于无意义的争辩之外，而将时间放在更多有意义的事情上面。那么，我们又该如何避免无意义的争辩呢？

电视剧里经常出现这样的桥段，女主角因为某件事而跟男主角发生争吵，由于语速非常快，根本不给男主角解释的机会，导致两个原本相恋的人却阴差阳错地分开了。你在一旁担心着急得要死，大声喊："给他一次解释的机会！"

要想避免无意义的争辩，首先要做到的就是给对方说话的机会，耐心听听别人的解释。可能妈妈并无意翻看你的日记本，只是刚好帮你整理桌子，看着摆放得不整齐，于是帮你打理了一下，又恰巧被你看见，你不依不饶，大声地说妈妈不守信用，说好了不看又趁着你不在到处乱翻。Stop！，从现在起，发生了任何事情都要先给别人说话的机会。

　　也许，对方的观点很欠抽，对方犯了一个十分低级的错误，对方的姿态很嚣张，可那又与你有什么关系？你为什么要去与他争辩，他打扰到你了吗？你想显示自己的才学吗？你想伸张正义"代表月亮消灭"他吗？记住，当别人的观点与你的相去甚远时，你要做的就是保持冷静，适当地保持沉默，在争辩中，最难辩倒的观点就是沉默。俗话说：泰山崩于前而面不改色，麋鹿过于面而眼不瞬。即便别人说是麦哲伦发现了美洲新大陆也与你无关，两个铁球是否同时落地也跟你没有半毛钱的关系。你如果轻易就为这种事情激动得忍不住争辩，只能说你的"内功心法"练习得还不够。

　　争辩的时候对事不对人，不要把原本单纯的是与非问题引到人身攻击的问题上。同学们在一起玩绑腿游戏，你与小明一组，小明系好了绳子，你说："你这样是错误的！"或者"我觉得这种系绳子的方式不是特别适合，你觉得呢？"两种说话方式，好像是一个意思，但听起来却有很大的差别：第一种是针对你这个人而言，第二种是针对这件事。针对人的说话方式很容易激怒

别人，惹出无意义的争辩。对事不对人的说话方式很容易被人接受，于是就避免了可能出现的麻烦。

最后，你们是朋友，即便你在争辩中取得胜利，你也应该给对方一个台阶下。所谓"友谊第一，比赛第二"，尽快走出言语上的争辩，这个时候，你放下胜利者的姿态，以一种比较低调的姿态来亲近朋友或者与你争辩的人，更能增进双方的感情，使别人从心底佩服你。

# 说话留退路

与西方油画不同，中国水墨画讲究意境，而无数绘画作品所追求的最高境界也正是意境。黄公望、渐江、文徵明、董其昌、张大千、齐白石等的水墨画尤为著名，均以意境见长。20世纪，画家齐白石最擅长画虾，他的《百虾图》总共有123只虾，最终以1.2亿元拍卖价成交，一只虾差不多100万。

大画家齐白石的画被誉为"妙在无墨处"，十分讲究"留白"的艺术。众所周知，齐白石画虾从不画水，然而你在看齐白石的画作时会发现他只用寥寥几笔勾勒，用墨也十分清淡，却分明让人感受到了水的存在。画中的留白，使虾有了游动的空间，神韵跃然纸上，给了观者以无穷的想象空间。同样的留白艺术也存在于中国古建筑之中，浩瀚的庭院中亭台楼阁，摆几张茶桌，

29

搁上三两本书，可以邀明月、揽清风、听虫鸣，任由思想畅游古今，放飞心灵。

中国自古以来讲究强弓易折，满月易缺，做人做事都要留三分退路。

公元278年，楚国的都城被秦兵攻破，中国历史上著名的爱国诗人屈原在精神上受到了极大的打击。眼看着家国就要破灭，而楚怀王又听信谗言疏远自己，屈原根本没有办法施展自己的报国理想，于是他的极度的失望与痛苦无法排遣。诗人来到汨罗江前，披散的头发迎风飞扬，隔着江水望向楚国都城的方向，眼中充满绝望之情。过往的渔夫看着面前脸色憔悴的屈原，上前询问："这不是三闾大夫吗，你怎么到了这种地步？""举世混浊而我独清，众人皆醉而我独醒。因而变成这个样子啊！"渔夫说："我听闻圣人懂得变通，能够随着世事的推移而改变自己，你为什么不随波逐流呢？""唉，我宁可投江而死，又怎么能让自己高洁的品行蒙受世俗的污染呢？"说完就抱石投江自沉。屈原的死让历史为之惋惜，他没有给自己留后路，是他自己的损失也是楚国的损失。退一步来说，如果屈原能给自己留一步退路，像勾践一样忍辱负重、卧薪尝胆，即使最后无法复国成功，退而著书立说把自己的才华学识留给楚国后人，未必不算报效国家。

中西思想其实是相通的，关于不留退路的后果，古希腊神话中有这样一个传说：太阳神赫利俄斯与海洋女神克吕墨涅有个儿子叫作法厄同。有一次，法厄同得到父亲的允许，可以独自驾驶着属于太阳神的带翼的太阳车一天。太阳车的车轴、车辕和车轮都是金的，车轮上的辐条是银的，辕头上嵌着闪亮的宝石。法厄同对太阳车精美的工艺赞叹不已。他十分得意地驾起装饰豪华的太阳车横冲直撞，恣意驰骋。不知不觉中，时间已经过去了很久，当他来到一处悬崖峭壁时，恰好与月亮车相遇。月亮车正欲掉头退回时，法厄同倚仗太阳车辕粗力大的优势，一直逼到月亮车的尾部，不给对方留下一点回旋的余地。正当法厄同看着难以自保的月亮车幸灾乐祸时，他自己的太阳车也走到了绝路上，马和车完全失去了控制，乱窜的烈焰烧着了他的头发。他一头扑倒，从豪华的太阳车里跌落下去。可怜的法厄同如同燃烧着的一团火球，在空中激旋而下。最后，他远离了他的家园，广阔的埃利达努斯河接受了他，埋葬了他的遗体。

不给自己留退路的人注定是悲惨的，不给别人留退路的人注定是危险的。

周厉王姬胡是周朝的第十代国王，在他当政时国力已出现衰象，但是刚登基的周厉王偏偏又荒淫奢侈，继续走夏桀、商纣的老路子，完全不顾外族入侵、诸侯作乱、贡赋减少、国库空虚等问题。周厉王为了继续维持花天酒地的生活，决定提高赋税，巧立各种名目。老百姓的生活越来越苦，简直过不下去，于是怨声载道。当时盛传一首歌谣：硕鼠硕鼠，无食我黍。三岁贯汝，莫我肯顾。逝将去汝，适彼乐土。歌谣把周厉王比作大老鼠，表达出对周厉王的强烈不满。然而生性残暴的周厉王此刻想的却不是如何疏导民众愤怒，反而下了一纸禁令，不许老百姓在路上说话。自此，熟人见面也不打招呼，只能用眼睛相互示意。看到了禁令在短时间内果然取得了效果，周厉王十分开心。大臣召公听了，劝谏厉王说："百姓们的嘴虽被勉强堵住，但使他们的抱怨变成怨气了。正如把水堵住，一旦决口，伤人更多；而应采用疏通河道的治水方法，治民也是这个道理，应该广开言路。如今大王以严刑苛法，堵塞言路，不是很危险吗？"厉王对召公的话置之不理，反而更加残酷地实行残暴统治。哪里有压迫哪里就有反抗，终于有一天，发生了国人暴动，军队镇压不住，周厉王只好出逃。

古人云："处事须留余地，责善切戒尽言。"做任何事，进一步，也应让三分，说话留有余地是一种智慧。

春秋时期，晋国公子重耳出逃的几年里经历过了许多国家，许多小国家怕得罪晋国而不敢接纳重耳。有一天重耳路过楚国，楚成王认为重耳日后必有大作为，就用上宾之礼迎接了重耳。宴会上气氛十分融洽，楚王突然问重耳："如果有一天你回到了晋国当上国君，该怎么报答我呢？"公子重耳说："奇珍异宝、美女物产您都有了，我又能拿什么报答您呢？""那你总得有什么表示吧？"楚王说。"这样吧，如果真如您所言我做了国君，一定和您交好。即使真的有一天不得不打仗，我也退避三舍。"楚成王与重耳都是非常智慧的人，懂得给自己留后路。后来重耳果真即位，成为赫赫有名的晋文再后来楚国与晋国开战了。本来晋国有极好的形势，可以一举歼灭楚国，但晋国军队退避三舍履行了重耳的诺言。谁知楚军见晋军后退，以为对方害怕了，就马上追击，一直追到了城濮，不给自己留一点后路。晋军于是"以退为进""后发制人"，集中兵力，大破楚军，取得了城濮之战的胜利。

上面说了两个国家的事情，再说一个发生在母子之间的故事。故事的主人公是春秋时期的郑庄公，小名叫作寤生，因为他的母亲生他的时候难产，所以叫这个名字。寤生的父亲是郑武公，母亲姓姜，他还有一个弟弟叫作共叔段。因为姜氏生大儿子寤生的时候受了难产的苦所以不太喜欢这个大儿子，而小儿子共叔段又长得一表人才，所以姜氏便偏爱他，希望郑武公立段为太子。可是未能如愿，姜氏一直怀恨在心。老爹死后，寤生继承王位，号郑庄公。自己的母亲偏爱弟弟这是件没办法的事情，然而更可气的是母亲煽动弟弟造反，是可忍孰不可忍。造反被镇压后，弟弟自杀了，庄公大怒之下把母亲从京城赶到颍地，还发誓说与母亲不到黄泉不相见。天下无不是的父母，郑庄公说了这句话后就后悔了，但是君无戏言，他十分痛苦。后来他的臣子颍考叔给他想了个办法，挖通了一条地道，这才挽回了不到黄泉不想见的气话。

可见，说话不留后路是一件多么严重的事！到底该如何做到说话留后路呢？

《周易》曰：物极必反，否极泰来。这句话告诉我们，说话不要说过了头，一旦违背常情常理就很难自圆其说了。《韩非子·难一》中有一个十分有趣的故事：楚国有一个既卖长矛又卖厚盾的小商贩，他以一种王婆卖瓜的语气先夸耀自己的长矛是世间最锋利的矛，没有它不能刺破的盾；过一会儿他又举起自己的盾，说这是世间最坚固的盾，没有长矛能够刺破它。有人说，如果用你的矛来攻击你的盾，情况会怎么样？这个人不能回答。另外，话不要说得太绝对。做英语阅读的时候老师一定告诉过你，那些用了must，can't，never，hardly等太绝对的选项不用考虑了，直接划掉。现实生活中也是一样，没有盖棺定论以前最好不要把话说得太满；最后，话要说得圆润。答应了帮别人做事，不能说"交给我，绝对没问题"这类的话。一旦你没有完成你所答应别人的事情，你之前所建立的良好形象瞬间崩塌，而且还给人以不可靠的感觉。"这件事比较难办，但我会尽力去做！"这并不表示你不会尽全力，你仍旧会全力以赴。说话圆滑的好处是即使做不到也不至于让别人太失望，有回旋的余地。

# 正确对待成功与失败

事情过去一年了，每每想起来，我的心还是不能平静，始终留有遗憾。

"妈妈，你打我电话有什么事情吗？"

"梅恒，死了……"

"你说什么？"

"他是喝农药自杀的。"

"怎么可能？"

"高考没考好，压力太大……"

"……"

目瞪口呆地挂了电话，神情恍惚，我对自己说这是不可能的，但眼泪却止不住地往下落。梅恒是我表舅舅家的孩子，一米

七八的个头儿，外形酷似王力宏。我们平日很是亲近。就这么一个大男孩儿突然就没了，怎么可能？

葬礼是在一个星期后举行的，我并没有参加，实在无法面对曾经那样朝气蓬勃的他躺在冰冷冷的棺木里。我们说好的放假后在武汉相聚，却变成天人永隔。这个七月，我感到异常的寒冷，整颗心如同掉进了冰窟窿里。我好恨自己没有早点告诉他，告诉他这样做不值得，任何事情都不值得他放弃自己的生命。即便不参加高考也无所谓，即便高考失败也无所谓。更恨他那些在他身边施加压力的至亲，不就是一次高考吗，高考比他的命更重要吗？我最恨梅恒自己竟然连一次小小的失败也承担不起，竟然连正确对待失败的勇气都没有！

十分讽刺的是高考成绩出来后发现梅恒其实已经超出了二本分数线，只是他自己再也不可能知道了，他竟然是为了一个有可能的失败断送了不能重来的生命。

人生是一条很长的路，任何人都不可能享受永远的坦途，会经历沼泽、沙漠、崎岖、险恶。你不可能永远成功，也不会永远失败，你所要做的，就是正确面对成功与失败。

小学生毕业升初中，一个成绩最好的与一个成绩最差的学生不约而同地向班主任老师辞行。端庄而又慈祥的老师看了看昂着头一脸骄傲的优等生，又看了看低着头灰心丧气的差等生，分别对他们说了一句话，说完后，成绩优秀的学生低下头，成绩较差的学生抬起了头，最终手拉手走出了教师办公室。

"你在小学表现得好，但是在初中不一定能表现得好；即使在初中表现得好，到了高中又不一定能表现得好；即使在高中表现得好，到了大学又不一定表现得好；即使在大学表现得好，工作后不一定能表现得好；即使工作表现得好，在婚姻家庭中又不一定表现得好。成功一次不算什么，还有下次呢！"老师对成绩好的学生说。

　　"你在小学表现得不好，但是在初中不一定表现得不好；即使在初中表现得不好，到了高中又不一定表现得不好；即使在高中表现得不好，到了大学又不一定能表现得不好；即使在大学表现得不好，工作后不一定表现得不好；即使工作表现得不好，在婚姻家庭中又不一定表现得不好。失败一次没什么，下次还有机会呢！"老师对成绩不好的学生说。

　　这是多么智慧的老师啊！将同一句改变几个字，就产生了完全不同的意义，也最准确地说明了该如何正确对待成功与失败。面对成功的时候，人很容易滋生骄傲的态度，结果可想而知，肯定是失败。只有继续保持谦虚谨慎的学习态度，刻苦努力，才能取得一次又一次的成功。然而如何正确面对失败，可不是件容易的事：

　　第一，要正确地认识成败。承认失败是在前进的过程中不可避免要遇见的，一个人总会遇见这样或那样的挫折。失败了并不可怕，可怕的是你不敢面对失败。想一想爱迪生在发明灯泡的时候，为了测试哪种东西最适合做灯芯，失败了1600多次，如果在其间的任何一次他受不了失败的打击，放弃了继续研究，就不可能有最早的白炽灯了。伟大的人尚且要经历如此多的失败，你失败几次又有什么关系？另外，不要将失败的不良情绪憋在心里，要及时倾诉，大吼几声或积极参加体育活动，都是消除不良情绪的好方法。

第二，冷静客观分析失败的原因。面对失败，最忌讳逃避，否则失败就变得毫无意义。失败产生的原因不外乎客观原因与主观原因。运用唯物辩证法分析失败的原因，你要做到的就是努力克服和规避可以避免的错误，下一次不犯同样的错误。失败是成功之母，聪明的人不在于不犯错，而在于相同的错误不犯第二次。

第三，积极寻找解决问题的方法。困难像弹簧，你弱它就强，你强它就弱。失败可以使头脑发热的人冷静下来，也可以激发人的进取心从而找到问题的突破口。要知道方法总比困难多，培养积极的人生态度，给自己积极的暗示，锻炼顽强的意志。成熟的人会在做事前进行两手准备，即使遇见了最坏的情况也可以有一个心理承受能力，能够积极应对，减少盲从性，增强主动性。

第四，听取别人善意的批评、忠告、劝诫。俗话说：不听老人言，吃亏在眼前。事前能够多多听取别人的意见，失败的概率就会降低很多。忠言逆耳利于行，如果你能放下虚荣心，认真听取别人的意见，从别人的意见里发现自己的弊端，这将会对你有极大的帮助，所谓"以人为镜"就是这个道理。人的能力是有限的，有很多东西是我们所无法了解的，那就学会倾听，从别人那里获得有用的信息。"痞子皇帝"刘邦之所以能够战胜"力拔山兮气盖世"的楚霸王项羽，很大程度上在于他能够听取手下谋士的建议，任用张良、萧何、韩信等人。

# 知耻而后勇

子曰：好学近乎知，力行近乎仁，知耻近乎勇。（语出《礼记·中庸》）

知耻而后勇，普通人只能做到前半句，伟大的人能够做到后半句。其实，孟子所说的知耻而后勇包含着丰富的意蕴：一个人在遭受了耻辱的磨难和打击之后，面对困难，不是气馁不前、自暴自弃、自甘堕落，而是迎难而上、奋发进取，以一种顽强的姿态来战胜困难。耻辱既是一种障碍，也是一种锻炼；既是一种挑战，也是一种机遇。耻辱是你前进中的一块阻石，当你勇敢地跨过去，它将变成你向上攀登的垫脚石。人只有在遭遇了耻辱之后才能打破故步自封的状态，才能正确认识到自己的不足，获得巨大的勇气与决心。

忍人所不能忍，方能成人所不能成之事，韩信的一生正说明了这个道理。《史记·淮阴侯列传》记载："淮阴侯韩信者，淮阴人也。始为布衣时，贫无行，不得推择为吏，又不能治生商贾。常从人寄食饮，人多厌之者。常数从其下乡南昌亭长寄食，数月，亭长妻患之，乃晨炊蓐食。食时，信往，不为具食。信亦知其意，怒，竟绝去。"

生于没落的贵族家庭，韩信过得十分穷困潦倒，徒有昔日贵族的名号。由于没有经商的头脑，韩信的生活比普通老百姓更不如，每日只能到别人家里蹭饭吃为生，长久了惹人厌烦。由于社会表现实在太差，地方招聘"公务员"的时候也不收他。

"信钓于城下，诸母漂，有一母见信饥，饭信，竟漂数十日。信喜，谓漂母曰：'吾必有以重报母。'母怒曰：'大丈夫不能自食，吾哀王孙而进食，岂望报乎？'"

韩信贫困得只能去河边钓鱼，洗衣服的老大娘可怜他就把自己的饭分给他吃，韩信发誓将来发达了要报答老大娘。老大娘十分看不起这个连自己都养不活的年轻人，根本就不指望什么回报。

"淮阴屠中少年有侮信者，曰：'若虽长大，好带刀剑，中情怯耳。'众辱之曰：'信能死，刺我；不能死，出我胯下。'于是信孰视之，俛出胯下，蒲伏。一市人皆笑信，以为怯。"

除了没有饭吃，韩信还要经常受到同村地痞无赖的欺负。抱着惹不起还躲得起的心态，韩信尽量不与之发生严重的冲突，然而这一次同村少年让韩信从自己的胯下爬过面对如此奇耻大辱，韩信当时就握紧了腰上佩剑，额上青筋暴突，有了想杀人的冲动。然而杀了这个人结果又会如何呢？自己肯定要被抓去坐牢，杀人偿命，这一辈子就完了。自己的理想和抱负却都还没来得及开始，自己就要这样毫无意义地死掉了吗？一颗心在激烈地斗争着，拳头时而松开又时而握紧，最终还是慢慢松开，小不忍则乱大谋，大丈夫能屈能伸。历史定格了那一瞬间，不是为了祭奠一个落魄少年的耻辱，而是为了纪念一个伟人的忍辱负重。

接着，韩信"仗剑从之"，投入了轰轰烈烈的农民起义中。几经曲折，封王拜将，和刘邦、项羽形成三足鼎立之势。孟子曰："天将降大任于斯人也，必先苦其心志，劳其筋骨，饿其体肤，空乏其身，行拂乱其所为，所以动心忍性，曾益其所不能。"说的就是像韩信这样的人吧！

如果说韩信所遭受的耻辱只是他个人的耻辱，那么，加诸在夫差肩上的就是一个国家的耻辱，而加诸在勾践肩上的就是他个人和他国家的耻辱。

周敬王24年，也就是公元前496年，周王室早已衰微，各地诸侯争霸。吴王阖闾打败楚国，成了南方霸主，又派兵攻打素来与之不和的越国。吴越两国在槜李(今浙江嘉兴西南）大战。上了年纪的吴王阖闾满以为乘胜追击可以打赢，没想到打了个败仗，自己又受了很重的箭伤，回到吴国就咽了气。阖闾临死时对夫差说："不要忘记报越国的仇！"年轻的夫差记住了父亲的嘱咐，但还是怕自己忘记了，就叫人经常提醒他。每次经过父亲生

前居住过的宫门，手下的人就扯开了嗓子喊："夫差！你忘了越王杀了你父亲的仇恨吗？"夫差每次都流着眼泪说："不，不敢忘！"

夫差日日操练兵马，没有一刻懈怠，经过近3年的准备，终于在公元前494年亲自率领复仇大军大败越兵，并俘虏了勾践夫妇。夫差一雪父亲的耻辱，报了一箭之仇。吴越两国君主的身份位置瞬间转换，一个新的复仇故事便开始了。

按照吴国的要求，勾践夫妇被安置在阖闾的大坟旁边一间石屋里，负责看护坟墓。勾践每日的工作就是给夫差喂马、牵马、脱鞋、服侍夫差上厕所，受尽嘲笑和羞辱。一国君主做着低三下四的奴仆工作，简直让人无法想象。为了心中的复国大计，勾践顽强地忍耐着吴国对他的精神和肉体折磨，对吴王夫差更加恭敬驯服。勾践把内心的悲愤掩饰得非常好，3年中，人前人后没有一丝不满表露，可即便如此仍是不能让吴国人放心。直到有一天，夫差不知吃了什么东西，拉肚子，太医都看不好，勾践毛遂自荐说曾经跟名医学过医道，只要尝一尝病人的粪便，就知道病的轻重："刚才我尝了大王的粪便，味酸而稍微有点苦，用医生的话说就是得了时气症，所以病很快就会好，大王不必担心。"勾践尝其粪便察看病情令夫差十分感动，认为勾践已经彻底臣服于自己，就放了勾践回国。

君子报仇，十年不晚。勾践一回到越国，立刻着手制定了一套详细的复仇计划——十年生聚，十年教训，大力繁殖人口、集聚物力、军民同德、积聚力量、发愤图强，以洗刷耻辱。为了时时提醒自己在吴国所遭受的耻辱，害怕躺在床上太舒服不知道警醒，就躺在柴草堆上睡觉，一睁开眼就励精图治。衣不重彩，食不加肉。每顿饭前必须舔一舔悬在屋里的苦胆，提醒自己时刻不忘在吴国的屈辱。勾践穿着粗布麻衣，与老百姓一起耕作劳动。勾践的夫人则亲自养蚕织布，倡导生产。这种身体力行与百姓同甘共苦的作风激励了全国上下齐心协力。

苦心人，天不负，卧薪尝胆，三千越甲可吞吴。经过10年的励精图治，越国积攒了足以灭亡吴国的兵力。公元前482年，勾践乘着夫差去黄池会盟这个时机，偷袭吴国成功，吴国只好求和。后来越国再次起兵终于灭掉吴国，吴王夫差自杀身亡，勾践的复仇计划取得了圆满的成功。

上述两个例子均见于《史记》，然而这本书的作者司马迁本身也是个知耻而后勇的典范。

司马迁，史官世家出身，所谓的史官就是专门记录君主日常生活的一个文官，官职比较小。像司马迁这种生性耿直的人基本上是比较得罪人的，得罪了最有权势的人基本上也都是没有好下场的。在汉武帝初年，司马迁承袭了他父亲的官位，担任了太史令这一职务。

天汉2年，也就是公元前99年，李广的孙子李陵率三千步兵深入匈奴，被匈奴八万骑兵围困，兵败投降匈奴。年轻气盛又好大喜功的汉武帝刘彻怎么会忍受如此耻辱？当朝大发雷霆，百官噤若寒蝉。像司马迁这种小文官平时是很少受到汉武帝关注的，然而那天汉武帝高贵的手指突然指着司马迁，意思是你来说说李陵这件事儿。凡是会看颜色的都会顺着皇帝的意思大骂李陵不是个东西之类的，但前面说过，司马迁是个极其耿直的人，又出于史官的天性，比较客观公正，当庭就说事情不能全怪李陵。汉武帝更怒了，天子一怒伏尸百万，刘彻的怒火足以当场让人把这个不会说话的人拉下去处以腐刑。

"仆窃不逊，近自托于无能之辞，网罗天下放矢旧闻，略考其行事，综其终始，稽其成败兴坏之纪，上计轩辕，下至于兹，为十表，本纪十二，书八章，世家三十，列传七十，凡百三十篇。亦欲以究天人之际，通古今之变，成一家之言。草创未就，会遭此祸，惜其不成，是以就极刑而无愠色。仆诚已著此书，藏之名山，传之其人，通邑大都，则仆偿前辱之责，虽万被戮，岂有悔哉？然此可为智者道，难为俗人言也！"

汉武帝这个人太恶毒了，他一开始就不打算放过司马迁，但如果因为大臣在朝堂说了一句他不爱听的话就处死那个人的话，就显得他气量狭窄。然而他又很想捏死这个小文官，于是就让作为男人的司马迁承受了男人最不能接受的耻辱，让他因为忍受不了耻辱而自裁，谁知司马迁并没有如他料想的那般自绝于人前。

"且负下未易居，下流多谤议。仆以口语遇遭此祸，重为乡党戮笑，以污辱先人，亦何面目复上父母之丘墓乎？虽累百世，垢弥甚耳！是以肠一日而九回，居则忽忽若有所亡，出则不知其所往。每念斯耻，汗未尝不发背沾衣也！"

死，是一件很容易的事请，相反，活下来才是最难的事情。司马迁之所以伟大，不仅在于他写下了为后世所称道的"史家之绝唱，无韵之离骚"，更在于他的精神，为了完成自己的梦想而忍辱负重。

"古者富贵而名摩灭，不可胜记，唯倜傥非常之人称焉。盖西伯（文王）拘而演《周易》；仲尼厄而作《春秋》；屈原放逐，乃赋《离骚》；左丘失明，厥有《国语》；孙子膑脚，《兵法》修列；不韦迁蜀，世传《吕览》；韩非囚秦，《说难》《孤愤》；《诗》三百篇，大抵圣贤发愤之所为作也。此人皆意有所郁结，不得通其道，故述往事，思来者。乃如左丘明无目，孙子断足，终不可用，退而论书策，以舒其愤，思垂空文以自见。"

征和2年，也就是遭受极刑后的第九年，司马迁完成了名垂青史的《史记》，此后不久，与世长辞。时隔几千年，他的事迹仍然激励着无数人忍辱负重，知耻而后勇。

# 自信的人最有魅力

　　每个人都想成为最有魅力的人，那么，什么样的人最有魅力呢？聪明的人？幽默的人？美丽的人？有才华的人？富有的人？在回答这个问题之前，请先听我讲一个故事：

　　有一个可爱的小女孩，她出生在一个十分贫穷的家庭里，然而爸爸妈妈并没有因为这个生命的诞生而增添一份喜悦，因为他们实在是太贫穷了。女孩的父亲外出打工，结果死于一场意外交通事故，只剩母女俩相依为命，她们靠为人打毛衣为生。就这样过去了18年，时光把小女孩儿雕琢成了一个亭亭玉立的少女了。在那年圣诞节的早晨，妈妈突然给了她20美元。她很惊讶，因为她是如此了解生活的不易，妈妈却让她去给自己买一个圣诞礼物。

　　女孩握着这珍贵的20美元，低着头走在城市的道路边上，突

49

然看见了心仪许久的男孩，女孩心里想着今天晚上哪个美丽的姑娘会是他的舞伴。走着走着，女孩来到一个精致的饰品店，店里有好多漂亮的发卡。一个服务员说：你带上这个发卡最漂亮了！女孩看了看镜子，她发现自己简直不认识镜子里的这个人了！女孩便狠下心买下了这发卡，出门时她不小心撞到了一位老奶奶，连她的发卡也撞到了地上。老奶奶隔着老远的距离叫她，可她没听见还是那样快乐地跑着。她勇敢地抬起头，大步前进，她的笑是那么灿烂。男孩看见了这位女孩，就立马被她浑身所散发的魅力所倾倒，便邀请她当自己的舞伴。那一天女孩快乐极了，她把所有的快乐都归功于那枚神奇的发卡。回家路过饰品店时，发现老人还在那里，她对女孩说："小姑娘，我知道你会回来的。你出门的时候，把你的发卡掉在了地上。"女孩惊讶地摸了摸头发，目瞪口呆。

萧伯纳曾说过：有信心的人，可以化渺小为伟大，化平庸为神奇。小女孩在带上发卡之后发生了巨大的改变，她很自然地以为是那枚发卡让自己变得漂亮了，其实真正让女孩变得魅力非凡的并不是那枚发卡，而是发卡所代表的"自信"！这个你同意吗？

夏洛蒂·勃朗特在《简爱》中说过这样一句话："如果上帝赋予我财富和美貌，我会让你难于离开我，就像我现在难于离开你一样。可是上帝没有这样安排。但我们的精神是平等的。当你我的灵魂穿越坟墓，一同站在上帝面前的时候，我们是平等的。"他们的灵魂一直是平等的，只是简爱不够自信。生性自卑的家庭女教师简爱深深地爱着自己的雇主，她把自己不能直面男主人的原因归咎于自己没有财富和美貌。其实，真正的原因在于她没有自信。即便上帝赐给了简爱与男主人同样的财富和美貌，简爱也有可能会盯着其他的地方，觉得自己还是配不上男主人。

很多人以为，自信是俊男靓女、才子富翁的专属，像我们这样既无才又无貌的人是无论如何也不会拥有的。其实自信与年龄无关、与容貌无关、与财富无关，自信只是一种心理特征，是你对自己是否有能力成功地完成某项活动的信任程度。正如同美国作家爱默生所说："自信是成功的第一秘诀。"自信是所有成功人士所共同具备的品质，它是一种积极、有效地表达自我价值、自我尊重、自我理解的意识特征和心理状态。你也可以拥有这种品质！

最近挺喜欢看由中央电视台与《中国好声音》制作团队灿星公司首度合作的舞蹈类综艺节目《舞出我人生》，其间有一个让我印象特别深刻的舞者名叫廖智。五年前，她在汶川地震中失去了一岁的女儿还有自己一直引以为傲的双腿。对于一名深受学生喜欢的舞蹈老师而言，那双腿对廖智的意义不言而喻。即使经历了这样的打击，出现在舞台上一袭白裙的廖智，仍然与杨志刚一起出色地完成了舞蹈《回到拉萨》的表演。在10强角逐赛中，伴随着一曲《怒放的生命》，"最美女教师"廖智与舞伴共同完成了一支难度系数极高的轮椅舞，获得了满堂喝彩。坐在轮椅上的廖智，舞姿依然洒脱昂扬，动人心弦，她展现在人前的是一个女

人最自信优雅的一面，丝毫没有因为失去了双腿就自怨自艾的神态。失去双腿的舞者廖智尚且能够如此自信地展示自己的风采，你还有什么理由不自信呢？

最近一段时间，凯特王妃生产几乎成为了整个英国最关注的事情，甚至是国际上也对此事产生了相当大的兴趣。她究竟是一个怎样的人？怎么会拥有如此魅力？凯特·米德尔顿，是英国王储威廉王子的妻子。2011年4月29日，凯特与威廉王子于伦敦威斯敏斯特大教堂举行婚礼，凯特正式成为王妃。凯特王妃被评为2011年英国女孩偶像，2012年被美国《人物》评选为全球最美女性第10位。平民王妃凯特出身于一个煤矿工人家庭，然而凯特在首次面对媒体时所展现的沉稳和自信，得到广泛的认可，媒体称"完美无缺"。如果凯特王妃在公众面前表现出自卑，肯定得不到英国王室以及英国民众的认可和支持。由此可见，灰姑娘变成公主的首要条件就是必须自信！

但丁说：能够使我飘浮于人生的泥沼中而不致陷污的，是我的信心。同理，一个失去自信的人将只能陷入人生的泥沼中沉沦不能自拔，失去自信是一件非常可怕的事！

美国水门事件的男主角——尼克松总统由于在竞选总统连任的时候非常不自信，于是派人潜入民主党全国委员会总部安装窃听器和拍照文件，以便有针对性地应对竞选。在这件事情曝光之后，尼克松不得不递交总统辞呈，错失了竞选的大好机会。假如当时尼克松总统能够非常自信地面对竞争，凭借着良好的选民基础，他未必不可能成功连任。

那么，该如何培养自己的自信呢？

首先，你要知道是什么让你不自信，然后有针对性地去改变这一点。比如说，一个人如果有口腔疾病，牙齿比较黄、气味又比较不是那么清新，那么这个人显然是不可能在人前非常自信地展示自己的口才，甚至根本就不敢开口讲话或者露出牙齿。不管你如何地鼓励他多开口说话，都是不可能的事。那么就要有针对性地先处理好口腔问题，只要这个解决好了，接下来就很容易开展。

其次，你要培养积极的人生态度，给自己积极的心理暗示。心理暗示的神奇效果已经得到了科学家们一次又一次的证实。科学家们曾经做过这样一个实验：从一个学校各个年级随机抽取两百个人，然后又随机把他们分为两组。对其中一组人说，经过调查发现，你们这一组人都是百里挑一且非常优秀的人才。经过若干年的跟踪调查，发现这群学生在长大以后果然成为了社会上各个领域里非常优秀的灵魂人物。心理暗示会产生一种辐射效果，每天只要给自己一点积极的心理暗示，整个人生都会变得不同，或许若干年后你就是某个领域里最杰出的人才。

再次，多关注自己的优点。金无足赤、人无完人，你要知道，即使是最优秀的人也有缺点，最差劲的人也有别人无法比拟的优点。你要做的就是先找准自己的一个优点，然后把它努力地发展成为自己的绝对优势，然后再发展其他的优点。比如说，你

的作文写得比较好，那么平时你就应该写更多的文章，把自己的文笔练得更好，每一次争取成为示范作文，这样你对语文的兴趣就越来越浓厚，你的语文成绩就会提高，你就会收获学习语文的自信。

最后，给自己设定客观的目标。每个人的能力都是有局限性的，你要知道，有些事情不是你想做就能做到的。你要做的就是给自己设定一个合理的目标，不过分追求完美。因为追求完美通常会受到挫折，那样就会打击你的自信心。比如这次考试得了110分，下次考试就力争能增加5分，而不是对自己说下次一定要考150分。

先相信自己，然后别人才能相信你。如果你能够做到上述几点，成为一个非常自信且充满魅力的人，那么，你的人生一定会与众不同！

 # 参加锻炼，增强体质

　　凡是看过2007年的热播电视剧《恰同学少年》的同学一定不会忘记这样一个片段：清晨早课前，少年时期的毛泽东手捧着《饮冰室文集》站着大声朗读《少年中国说》，稍后同学们接二连三地到了，一个个加入朗读，场面之壮阔，激励人心。毛泽东不仅在思想上认同"少年强则国强"，更在行动上贯彻这一理念：不论寒暑，坚持早起冷水洗澡，更热衷于冬泳，1956年6月，他在4天时间内以花甲之龄连续三次横渡长江，还写下了气势豪迈的《水调歌头·游泳》：才饮长江水，又食武昌鱼。万里长江横渡，极目楚天舒。不管风吹浪打，胜似闲庭信步，今日得宽余。子在川上曰：逝者如斯夫！风樯动，龟蛇静，起宏图。一桥飞架南北，天堑变通途。更立西江石壁，截断巫山云雨，高峡

出平湖。神女应无恙，当惊世界殊。可见毛泽东坚信身体是革命的本钱，积极参加锻炼身体，增强体质。1966年7月，毛泽东又以73岁高龄再一次横渡长江，再一次向世人展示了他虽迟暮之年仍身强体健，志在千里。

缺少强健的体魄，即使才华横溢、智力超群，恐怕也只能抱憾终身了！

"丞相祠堂何处寻？锦官城外柏森森。映阶碧草自春色，隔叶黄鹂空好音。三顾频烦天下计，两朝开济老臣心。出师未捷身先死，长使英雄泪满襟。"历经颠沛流离的诗圣在探访诸葛武侯祠之后，写下了《蜀相》这首感人肺腑的千古绝唱。公元221年，刘备在成都称帝，国号汉，任命诸葛亮为丞相。最后一次伐魏时，诸葛亮的饭量已经严重下降。而这一信息正好被他的死对头司马懿得知了，司马懿说："孔明食少事烦，岂能久乎？"公元234年，诸葛亮力扶王室,志清宇内，真正践行了鞠躬尽瘁、死而后已的誓言。诸葛亮死后，他一生的抱负也随之消逝，蜀国也一蹶不振，很快就被魏国所灭，成为三国中首先被灭的一个。回顾他的一生，拼命工作却不曾锻炼身体，导致身体健康严重受损。《三国演义》中也有多次描写诸葛亮昏倒的场景，然而造成这种状况的原因莫不与此相关。

诸葛亮作为丞相，由于没能经常锻炼身体，导致出师未捷身先死，但好歹后继有人，姜维在诸葛亮死后继续匡复汉室。然而如果一代帝王不懂得锻炼身体，死后受损失的就是整个国家！

三国是个动乱时期，三国之前的东汉原本可以维持更长久的国泰民安，却由于一个人的早死而导致政权旁落、外戚专权、结党营私、宦官专权等明争暗斗，朝廷乌烟瘴气，最终衰败下去。汉章帝刘炟是东汉王朝的第三个皇帝，他19岁登基，31岁就驾崩了，共在位13年。汉章帝统治时期是东汉皇朝臻于富强的极盛时期，汉章帝继续奉行光武帝、明帝之时所推行的发展社会生产、与民休养生息的政策。而且在经济发展、政局稳定的基础上，汉章帝加强了对西域地区的经营，通过用兵，使得西域重新称藩于汉，丝绸之路得以畅通。所以历史上把他与汉明帝统治时期称为"明章盛世"。人们也有理由相信，东汉王朝在年富力强的章帝统治下，国力一定会蒸蒸日上。然而，不幸的是汉章帝不注重锻炼身体，致使在31岁的黄金年龄骤然离世，以至于汉朝的黄金岁月也一去不返。汉章帝死后，他的儿子刘肇即位，史称汉和帝，当时他只有10岁，由养母窦太后执政，从此汉朝由稳转乱，进入外戚、宦官相继掌权的时期，东汉日益衰败。窦太后排除异己，让哥哥窦宪掌权，窦家人一犯法，窦太后就再三庇护。窦氏的专横跋扈，引起汉和帝的不满。公元92年8月14日，汉和帝联合宦官郑众将窦氏一网打尽，但是也由此进入宦官专权时期。总之，由于汉章帝之后的历代皇帝都是幼主即位，于是不可避免地出现了母后临朝，随之而来的就是外戚专权。而幼年的天子一旦成人，欲收回大权时，必然与外戚发生冲突，这时候皇帝往往借助从小一块玩乐的宦官密谋除掉外戚。就在这外戚宦官此起彼伏的

明争暗斗中，东汉的朝政逐渐败坏下去。

　　历史一次又一次地证明，作为皇帝如果不努力地锻炼自己的身体，致使一病不起，把肩上的担子扔给幼子，结果通常是不靠谱的，这样的父亲不是好父亲！

　　"黄袍加身""杯酒释兵权"的主人公你一定还记得——赵匡胤，他原本是后周将领，最终却窃取了后周政权，建立了北宋。他之所以能够得逞，究其原因在于周世宗柴荣短命。后周成为一个短命的王朝，柴荣一生的努力也只为他人做了嫁衣。唐朝灭亡以后，手握重兵的将领们纷纷打出各自的旗号，其间5个朝代10个国家，走马灯般转过。一将功成万骨枯，一个新王朝的兴起必定要带来无数腥风血雨，最终必定要有一个终结者来了断纷乱的局面，他就是英主周世宗柴荣。柴荣本来是后周开国皇帝周太祖郭威的养子，但是由于郭威的继承者在战乱中死去了，所以郭威死后柴荣即位。周世宗柴荣曾说自己要当30年皇帝，其中10年用来开拓天下，10年用来休养生息，10年用来过太平日子。他是一个卓越的军事家和政治家，通过各种策略加强中央集权，把权力揽在自己手上。他励精图治，兢兢业业，后周在他手上迅速强盛起来，对外征战几乎战无不胜攻无不克，他兵不血刃地收取了燕南之地。公元959年6月，年仅39岁的柴荣在形势一片大好的情况下一病不起，只当了6年皇帝的周世宗死后把皇位传给了7岁的儿子。而后周禁卫军将领赵匡胤是一个非常有野心的人，柴荣不注重身体健康，刚好给了他可乘之机。

不要以为这只是历史，不要以为这距离你的生活已很遥远，不要以为你的身体会比他们好很多。

2013年5月8日，《金华日报》报道了一则新闻：昨天清晨5时50分，义乌市外国语学校一名高三男生被发现猝死在宿舍内。早上晨起时间，寝室里的同学相继起床后，发现万某还躺在床上。同学上前叫他，他却毫无反应。他们急忙通知老师，老师立即叫来校医并拨打120求救。校医赶到万某宿舍，通过人工呼吸对他进行施救，此时万某已无心跳，浑身冰凉。早晨6时许，义乌市120急救中心的救护车到达现场，发现万某已无生命体征。诸如此类的中学生猝死事件屡见不鲜：2006年9月5日，榆中县连搭中学一名教师上课时，在该校8年级一名15岁的女中学生肩膀上"轻轻"拍了两下，谁知十几分钟后该女生突然蹊跷死亡；2009年，时年14岁的东莞茶山某学校初三级学生小豪，在早操后猝死；2011年，7月14日，宜昌四中一位品学兼优、不满14岁的优秀学生赵博文在上体育课的时候死亡。以上所列举的同学，在平日里并没有明显的身体不适。不要以为身体健不健康现在无所谓，等事情发生了再后悔就来不及了。

如今，不论是从政、从商、从学，都得有个好身体。2012年3月11日，中国新闻网做了一个调查，结果发现中国城乡学生肥胖率超10%。青少年体质堪忧，这里列出几个比较严重的问题：第一，肥胖率日趋增长，超过"安全临界点"。与1985年相比，2010年中国7至18岁城乡学生身高、体重显著增长，但肥胖率也增长了7.9%，尤其是城市男生肥胖率已达14.2%，"小胖墩"越来越多。第二，心肺功能下降，运动能力降低。与1985年相比，2010年中国7至18岁城乡中小学生肺活量下降了11.4%，大学生下降了近10%。小学生50米×8往返跑，初中、高中、大学女生800米跑，男生1000米跑的成绩，分别下降了8.2%、10.3%和10.9%。中小学男生引体向上最大降幅达到40.4%。这些情况表明：中国青少年胸围越来越宽，肺活量却越来越小；身材越来越高，跑得却越来越慢；体重越来越重，力量却越来越小。第三，视力不良检出率不断攀升，位居世界前列。2010年，小学生视力不良检出率为40.9%，初中生为67.3%，高中生为79.2%，大学生为84.7%。我国"眼镜娃"的比例高、增幅大、低龄化，已居世界前列。青少年视力不良已严重危及中国人口质量，导致征兵、航空、航海等特殊行业不得不降低视力标准。

试想一下，我们以这种身体素质去参加祖国建设，还没等目标达成，身体早已经吃不消了。"生命在于运动"，是法国著名思想家伏尔泰的一句名言，没有运动也就没有了生命，缺乏运动的生命是短暂的。作为祖国未来的希望，我们有理由对自己的身体负责，健康的身体和心灵才是一个完整的健康的人。我们在学校汲取心灵营养的同时也不该忽略自己的身体健康。

对于肥胖，要多吃健康食品，课余时间多进行跑跑步、打打球这些简单的运动；对于心肺功能下降，男孩子可以约上几个哥们儿去打一场篮球，去踢足球。女生呢，可以打羽毛球、乒乓球等，还可以在家学学瑜伽，可以塑形，好处多多。可千万别一到假期就窝在床上，守着电脑电视，早餐也不吃了；对于视力下降，要早作预防，尽管现在科技很发达，激光手术可以恢复一定程度的视力，但也有复发的危险。保护好视力才是我们应该做的。眼睛是心灵的窗户，谁都不希望自己戴上厚厚的丑陋的眼镜吧。

少年强则国强，关于青少年的健康问题，这里只略略提到三个比较明显棘手的现象，还有很多毛病只要你不注意就会缠着你，如厌食症、胃病、贫血、心悸等等。拥有健康的身体是需要我们自己每天来努力的，坚持就会有效果。等到工作的时候，你会感谢自己曾经的每一次运动以及坚持不懈的耐力。

 # 良好心态最重要

　　奥运会射击场上，巅峰对决的时刻，两名选手的成绩只相差一环，随着第一个人命中靶心，从无失误的第二个人竟然脱靶了！高考的考场上经常会出现这样的情况，两个原本实力相当的同学，考试的结果却相差很大。这是为什么呢？同学出于关心询问你的考试情况，你却勃然大怒，大骂同学想看你笑话……你猜对了，就是因为心态的不同！

　　唐代禅宗高僧青原行思，提出参禅的三重境界：参禅之初，看山是山，看水是水；禅有悟时，看山不是山，看水不是水；禅中彻悟，看山仍然是山，看水仍然是水。把这参禅的道理用在人生遭遇上亦十分合适，第二重境界在人生之中尤为重要，由第二重境界顺利度过第三重境界的关键就在于保持良好的心态。

　　《荷马史诗》中记载了一个颇具悲剧意味的人物：与俄狄浦斯王相似，西西弗斯是科林斯的建立者和国王，他是一个足智多谋的人。西西弗斯用计谋绑架了死神，以至于人间在很长一段时间里没有人死去。宙斯为了惩罚他，用长长的链子把他绑在一个陡峭的山坡下，还要求他每天要把一块儿沉重的大石头推到非常陡的山上。但那巨石太重了，每每未上山顶就又滚下山去，使他前功尽弃。于是他就不断重复、永无止境地做这件事。诸神认为再也没有比进行这种无效无望的劳动更为严厉的惩罚了，试图让西西弗斯的生命就在这样一件无效又无望的劳作当中慢慢消耗殆尽。然而终于有一天，西西弗斯在这种孤独、荒诞、绝望的生命过程中发现了新的意义。他看到了巨石在他的推动下散发出一种动感庞然的美妙，他与巨石的较量所碰撞出来的力量，像舞蹈一样优美。他沉醉在这种幸福当中，以至于再也感觉不到苦难了。当巨石不再成为他心中的苦难之时，诸神便不再让巨石从山顶滚落下来，于是西西弗斯得到了解脱！

　　正因为西西弗斯的良好心态，使得他能够在如此折磨人的绝望之中寻找到超越命运的方法，获得了自我的救赎。心态是一把剑，当你正确地把握住了良好的心态，它就会帮助你披荆斩棘，所向披靡，无往而不胜。一个人如果没有一种比较好的心态是非常糟糕的，不仅影响自己，还会影响自己的团队。

　　2010年7月，第十九届世界杯足球赛第一场四分之一决赛在曼德拉港球场上演，荷兰和巴西两支豪强展开正面对决。罗比尼奥为巴西首开纪录，半场巴西1-0领先荷兰。下半时梅洛乌龙球帮助荷兰队扳平比分，斯内德头球破门反超比分，梅洛故意踩踏罗本被红牌罚下，最终荷兰2-1逆转巴西进入4强。号称足球王国的巴西，遭到了意想不到的失败。其中最大的原因就是巴西球员的心态不好，对于裁判的判罚有些不满，巴西球员从一开始就围着裁判喋喋不休，心浮气躁。本来，面对荷兰这种强劲对手的时候，一点也不能懈怠，但梅洛的粗暴动作招致红牌，致使巴西10人应战，导致顾此失彼。卡卡整场发挥不佳，没有起到一个核心应有的作用，这些都是巴西输球的原因。或许这场比赛的主裁判很糟糕，但这不应该成为输球的直接理由。反观荷兰队，完全是把自己摆在了弱者的角度，即使在先失去一个球后，战术思想仍然坚持打巴西左路，直至最后从这个位置一再获益。与其说是荷兰队的战术成功，倒不如说是荷兰队球员的心态好。

当你没能把握好心态，以一种比较消极的情绪来支配自己的时候，心态就会成为杀人的利器。继"马加爵"事件之后，近年来"同室操戈"的现象屡屡出现：2013年4月16日，复旦大学官方微博发布消息称，2010级硕士研究生黄洋经抢救无效去世，他是被同宿舍室友在饮水机里投毒所害，起因是生活琐事导致关系不好；同样是2013年4月16日，南京航空航天大学金城学院发生命案，大三学生小蒋被室友小袁挥刀刺中胸口身亡，起因是袁某没有及时给未带钥匙的蒋某开门。触目惊心的例子让一时间同学之间最流行的问候竟然变成了"感谢不杀之恩"。这种有几分戏

谑的说法让人感觉到悲哀，原本可以相亲相爱的同学室友竟然演变成了熟悉的陌生人。当一个人的心态不好，他就会被情绪所控制，变成一个魔鬼，无法控制自己。

那么我们该如何控制自己不被情绪所控制，从而拥有良好的心态呢？

第一，一旦自己看山不是山看水不是水的时候，就要学会安静，把自己的思绪都沉静下来。很多悲剧的发生就是由于一时头脑发热。生气的时候不要说话，不要做任何决定，因为此时你是不理智的，之后会让自己后悔。把自己放空，化整为零，每一天都是新的，不要为已经过去的事情所烦恼。

第二，没有人爱护你的时候，你要自己爱护自己。一个连自己都不爱惜的人，是没有权利也没有能力来爱惜别人的。能给予就不贫穷，帮助别人就是善待自己。

第三，转移情绪。心情烦躁的时候闭上眼睛，听听音乐，回想曾经最快乐的时光，想一想那些爱你的人，你的爸妈、朋友、老师、同学等等。

第四，做好你自己。与其临渊羡鱼不若退而结网，别人做得再好都是别人的，始终把自己当作一个旁观者而不是竞争者，你只和自己比。只要你坚持做自己，有一天你也可以成为别人关注的焦点。把简单的事情做复杂了是一种麻烦，把复杂的事情做简单了就是一种贡献。

第五，博览群书。你现在所看的每一本书都是在为你的未来做铺垫，每读一本书，你梦想的大楼就会增加一块基石，基石越多，未来越扎实。一个人只有脑子里充实了才能够活得有滋味，唤起更深处的求知欲，成为自己前进的养分。

第六，不抛弃不放弃。谁都可以看不起你，只有你自己不可以！谁都可以放弃你，只有你自己不可以放弃自己！帝王刘邦，在他年轻的时候，所有人都瞧不起他，包括他的父亲，如果他那个时候也放弃了自己，会有后来的大汉王朝吗？显然是不可能的！

第七，珍惜你身边的人。记住，所有你能伤害的人都是关心你的人！不要以为自己很了不起，能让父母朋友为你低头，他们只不过爱你罢了。懂得婉转迂回，能不说一句伤害他们的话就不要说，能不做伤害他们的事情就不要做。

# 学校也是一个社会

2013年高考考生约有915万，与2012年相比减少了15万左右，其中放弃高考的人大约有100万左右，这已经是高考人数连续第六年下降了。教育界人士和专家认为，近年大学生就业形势严峻，让高考对改变命运不再具有决定性影响，这是许多中学生不愿意参加高考的主要原因。在这里，我们姑且不去讨论放弃高考是否正确。也许，许多高中生认为早一点走出校园，走进社会，就能早一点适应社会，从而早点进入社会企业，找到好工作。其实，他们忘了，学校也是一个社会。

所谓学校，是一个有计划、有组织地进行系统的教育的组织机构。学校主要分为4种：幼儿园、小学、中学和大学；企业主要指独立的盈利性组织，分为公司和非公司企业，后者有合伙企

业、个人独资企业、个体工商户等。

"你的理想是什么？"姑姑的儿子马上要中考了，于是连忙找我做心理辅导。面对早已经历了中考和高考的我，弟弟的姿态十分虔诚，望着这个小小的信众，我的内心有点百感交集。"我现在就是想考上十七中（武汉市的一个重点高中）！"弟弟的眼睛里泛着坚定的光辉，"然后呢？""考个好大学！""再然后呢？""考上研究生！""然后呢？""考上博士生！""哈哈，果然是生生不息！""姐姐，你呢？""我，当然是先找个企业从基层做起呀！""然后呢？""然后工作三五年混个小领导！""再然后呢？""自然是瞅准机会混个中层领导！""然后呢？""终极目标就是上层管理者！"

从某种意义上来讲，学校就是现代社会的缩影，学校里有着形形色色的人，他们来自不同的家庭，拥有着不相同的家庭背景，受到父母的影响程度也不一样，他们来自五湖四海聚集到学校，这就是社会的缩影。

第一，机构设置上。学校里的教学楼就像企业的写字楼，校长、年级主任、班主任、学生会、班长、组长，像不像CEO、高层领导、中层领导、小领导？不想当将军的兵不是好兵，不想当CEO的员工不是好员工，去竞选班干部吧，去参加学生会吧，在充分地体验了机构是如何运行之后，你将会比较轻松地适应未来的工作环境。

第二，性质上。还记得以前中学的政治课上，老师强调"学校是非营利性组织"，后来就再没听到这句话了。企业要生产更多的商品，而学校要招收更多的学生，各种补课和兴趣班，哪一样不是收费的？高校扩招年复一年，学校企业化已经是一个不争的事实。君不见，众多培训机构风起云涌，"新东方""疯狂英语""巨人教育"声势如火如荼，如果跟不上学校的教育进度，参加培训也无妨。

第三，日常行为守则上。按时上课是《中学生行为守则》中明确规定的，迟到或早退要接受惩罚，而企业里的上班族如果迟到就会被扣工资。每逢老师拖堂，学生只能听课，那是为你好；公司里，老板没说下班你就闪了，那是不想干了！中学生与上班族同样期待寒暑假，又不得不补课、加班。甚至在穿着打扮上，中学生必须穿校服，上班族必须穿工作服。

第四，升学上。学生首先要进入一个好的幼儿园，然后是以优异的成绩进入好的小学、好的初中、好的高中、好的大学。公司里的小职员们则怀揣着各种"资格认证书"，从一个公司跳槽进另一个好一点儿的公司。学生的成绩单就如同上班族的工资卡，分数越高工资就越高。不同的起点成就不同的高度，细微的差别可能造成巨大的反差。你也许还记得曾经跟你一起读幼儿园的某个男生女生，最近一次见面的时候人家竟然已经出国读书了。

第五，与人交往上。"这次数学考试你感觉怎样？""感觉很差！"你一定碰到过这样一种情况，与你成绩差不多的同学告诉你他考得很不好，卷子发下来的时候他竟然比你高出一二十分。他谦虚地说这只是因为运气好，你目瞪口呆，觉得他太虚伪了。当你哈欠连天地走进办公室，同事问你昨晚怎么了，你会笑着说昨晚看《北京爱情故事》看得太晚了，实际情况却是整宿拼命地加班。你与同学相互竞争期待超越他像不像同事之间的业绩比拼？

第六，老师对你的态度上。对于这一点，所有学生都知道，老师一般喜欢成绩好的学生，同样的，公司老板只喜欢业绩好的员工。学校划分平行班与火箭班的时候，除非你有过硬的后台背景，否则就老老实实地按成绩排队，不准插队。如果你是那几个原本可以进快班但是却被关系户挤掉只能进平行班的孩子，不要灰心，还有第二次划分快慢班的机会，你要考得更好才行。此外，有的中学的座次是按照成绩排名顺序依次挑选的，排在前面的你可以拥有教室里视野最好的地段，每天沐浴着老师和蔼可亲的目光。如果十分不幸地，你排在了后面，那么对不起，夏天你只能坐在离电扇最远的地方了，并时不时被班主任的电眼扫射。

第七，素质教育。就像水中月镜中花，看起来很美好，实际上却怎么也触碰不到。教育部针对学生课业承重提出素质教育，倡导给学生减压，实际上堆在课桌上的书像小山一样不曾减少分毫，头悬梁锥刺股，神经衰弱的还是神经衰弱，集体打吊瓶坚持上课的年年有；老板说要关心员工的身心健康，富士康十三跳，层出不穷。

今天很残酷，明天更残酷，后天很美好，可很多人死在今天和明天。不要抱怨学校不公平，这个世界上没有绝对的公平。在学校这个小社会里，你唯一能做的就是努力适应学校的环境，这样才能适应你将来所要面对的社会。

# 工作了再去锻炼社会能力，
# 可以吗?

"这5年都荒废了!"正在浏览QQ空间的我，突然被吓到了，一向嘻嘻哈哈、不问世事的表弟发了这么一句状态不能不让人惊讶。由于学习吃力，初中没有读完，表弟就辍学了，后来在一个中专学校转悠了两年，日子过得迷惘而无压力。表弟在学校没有学到什么社会能力，等工作的时候才感觉压力山大，如今快20岁，突然意识到蹉跎了岁月。

在这个社会上，除了你自己没人能够帮你，因为你连别人丢下来的绳子都抓不住。

老妈买了一袋荔枝回来，新鲜翠绿的叶子上还带着些晶莹的露珠。我迫不及待地剥了一个，轻轻一咬，清甜的汁水充溢在唇

齿之间，于是一发不可收，不一会儿就只剩下一堆"壳如红缯"的不可回收物。北宋大文豪苏轼所言"日啖荔枝三百颗，不辞长作岭南人"，诚不欺余也！

头脑中正回味着"瓤肉莹白如冰雪，浆液甘甜如醴酪"的滋味，耳边突然传来中央电视台农业频道关于荔枝的节目：永春岵山镇大约有1万多棵荔枝树，其中百年老树有上千棵。岵山乌叶荔枝，皮薄核小，肉厚汁多，味道清甜，爽滑可口，不仅称誉闽南，还扬名海外。荔枝果品销往各地，价格一直高于外地荔枝。农业学专家纷纷猜测并试图探索奥秘，为什么相同的土壤条件下百年老树所产荔枝甜度能达到16.5，而近十几年栽种的荔枝树所产荔枝的甜度只能达到13？经过深入的调查发现，由于百年荔枝树的根扎得更深，根系也更发达，所以能获取更多的土地养分。

我不禁陷入了沉思：十年树木百年树人，那栽种的荔枝树不正是我们在学校的缩影吗？百年老树把自己的根深深地扎进脚下的土地，不断地发散根系，即使一部分根系被虫蛀了，还有其他的根系能汲取营养，不至于立即死去。我们在学校里所锻炼的每一项能力都是一条条根系，胆量、口才、理财能力、生活自理能力等等，每一项都能帮助我们在将来的社会里立足。一棵没有根系的树能存活吗？一棵根系稀疏的荔枝树会结出最香甜的荔枝吗？不，绝对不能，树犹如此，何况人乎？

学校也是一个社会,在这片土壤中，你有什么理由不多发展一些能供自己安身立命的"根系"呢？其实，在学校就培养自己的社会能力非常简单！

第一，锻炼自己的胆量。古往今来，成大事者，哪一个不是拥有非凡魄力的人：诸葛亮的空城计，若没有敢一个人面对司马懿率领的数万魏国大军的勇气，蜀国早就灭亡了；孙中山先生的辛亥革命，如果没有舍得一身剐敢把皇帝拉下马的魄力，又怎么会有新民主主义的曙光；红军四渡赤水，若是有一次因胆小畏惧而不敢前进的话，红军怎么能在第五次反"围剿"下保存实力，又怎么会有新中国。中学生要抓住每一次冲上讲台的机会，尽可能多地当众发言，第一次发言你会害怕，第一千次发言你还会害怕吗？不用羡慕别人能在公众面前口若悬河，你不是生来胆小，你只是锻炼得还不够！

第二，培养与人沟通交流的能力。你有一个苹果，我有一个苹果，相互交换后，你我还是各有一个苹果；你有一个解决问题的方法，我有一个解决问题的方法，交换之后我们各有几个？聪明的你一定知道，与人沟通交流得越多，我们能学到的东西就越多。古语有云：独学而无友则孤陋而寡闻。互联网、手机、微信、微博、QQ这些都是为了帮助我们更方便地沟通交流。与老师交流，你能在最短的时间里明白自己的学习误区；与同学交流，你能把自己的思维拓展得更宽阔；与父母交流，你会更清楚自己肩上的责任。

第三，培养生活自理能力。一只永远待在母亲身边的幼虎，是永远也学不会独自捕食能力的，更不可能存活在猛兽界。一个连自己的生活都无法安排好的人有什么理由让别人相信他能处理大事？培养自己的生活能力很简单，学着自己洗衣服、自己洗碗、自己整理书桌和床铺，不要再把脏衣服、脏袜子打包回家给妈妈，那只能体现出你的自理能力十分低下。从现在就开始，给自己一次顽强的机会！

第四，学会理财。你一个月的生活费能够从月初支撑到月末吗？如果不能，请缩短周期，尝试周理财计划；如果刚好可以，那么恭喜你，可以尝试季度理财计划了；如果还有结余，那么祝贺你，你未来一定会生活得很充裕！一个人只有能控制并合理支配自己的财富后，才算是真正地成长了。在今后的日子里，你会有很多需要用钱的地方，有时候还是一笔不小的开支，而父母又不会给你支付的时候，你就会知道理财有多么重要。为了未来不被缺钱所束缚，从现在开始，请尝试理财并节约每一分钱！

第五，培养做事的计划性。电影《致我们终将逝去的青春》中陈孝正说：我的人生是一栋只能建造一次的楼房,我必须让它精确无比,不能有一厘米差池。我们的人生都不能重新来过，只有一次机会。计划是一件很严肃的事情，不要用计划赶不上变化来推脱，那是对自己的不负责任。从现在开始，尝试为自己拟定一个人生计划、一个学习计划、一个年度计划、一个周计划、一个日计划，每分每秒你都知道自己在做什么、要做什么、抵制什么。拥有了计划之后，生活会变得很不一样，当别人还在迷茫的时候，你已经清楚地知道下一步要做什么，你知道自己所做的每一件事都是为了成为更加优秀的自己！

　　常常有小学妹问我：工作了再去锻炼社会能力，可以吗？我只想说，不要在黎明前准备午餐，因为时间已经太晚了！

# 感激曾经拼命奋斗的日子

　　记得有这样一幅漫画：一群人在地里拔萝卜，地面上的萝卜叶子都长得一个样。其中一个人额上汗如雨下，费了九牛二虎之力也没能把自己名下的萝卜拔出来，眼见着身边的人接二连三从地里拔出了萝卜，他十分灰心丧气。故事至此，也许你会觉得他十分的失败，相同的事情别人都做好了他却做不好。但故事的结局恰恰相反，漫画中埋藏在地下的萝卜中只有他的那个是最大的，超过别人许多倍。聪敏的你一定明白了，当我们为了完成一件事情所遭受的痛苦越来越剧烈的时候，我们离成功也就不远了。三年前的努力决定了你现在的处境，当你把成功这颗"萝卜"拔出来的时候，你会万分感激曾经拼命奋斗的日子。

### 一、你没看到的付出

就像一首歌中所说的，"把握生命里的每一分钟，全力以赴我们心中的梦，不经历风雨，怎能见彩虹，没有人能随随便便成功……"

当万千媒体的闪光灯聚焦在他身上，当娱乐报纸、杂志铺天盖地地宣传他的新歌，当他的海报贴满大街小巷，当他的专辑一次又一次席卷华语乐坛，当他模糊不清的咬字成为特色，当他自编自导自演的电影进入人们的视野……他的名字——周杰伦，已经成为一种象征符号：毕业于台北淡江中学，华语流行歌手，著名音乐人。2000年后亚洲流行音乐乐坛最具革命性的创作歌手，唱片在亚洲总销量超过3100万张。2005年以《头文字D》涉足电影业，2006年出版图书《D调的华丽》，2007年成立杰威尔音乐有限公司，2009年自导自演电视剧《熊猫人》，2010年主持电视节目《Mr. J频道》，2011年以《青蜂侠》进军好莱坞电影。成名之后，有人说他是天才，对音乐天生有一种超乎寻常的掌控；有人说他太幸运，能被吴宗宪及时发现。面对众多猜测，周杰伦用一首《听妈妈的话》来说明一切：

"小朋友，你是否有很多问号，为什么别人在那看漫画，我却在学画画、对着钢琴说话。别人在玩游戏，我却靠在墙壁背我的ABC。我说要一台大大的飞机，却得到一部旧旧的录音机。为什么要听妈妈的话，长大后你就会开始懂得这段话。哼，长大后我开始明白为什么我跑得比别人快，飞得比别人高，将来大家看的都是我画的漫画，大家唱的都是我写的歌……"

伟大的科学家爱因斯坦曾说过：什么是天才？天才就是百分之一的灵感加上百分之九十九的汗水！机遇通常垂青那些有准备的人，如果周杰伦因为自己独特的音乐天赋就放松练习，还会有后来的吴宗宪慧眼识人吗？答案是否定的。成功后的周杰伦十分感激母亲，感激曾经拼命奋斗的日子。你还记得王安石的《伤仲永》吗？少年方仲永天资聪慧，仲永的父亲鼠目寸光，"日扳仲永环谒于邑人，不使学"，最终造成仲永泯然众人的悲剧。

冰心曾说过：成功的花，人们只惊羡她现时的明艳！然而当初她的芽儿，浸透了奋斗的泪泉，洒遍了牺牲的血雨。

科学家曾经做过这样一个实验：找来一大群孩子，每个人发一颗美味的糖果，并嘱咐他们，如果一个小时之后还保留糖果没有吃的人将会再次得到一粒糖果的奖励，已经吃掉的人将不会有奖励。时间一分一秒地过去，最初几分钟大家都还忍耐着，之后渐渐有人受不了诱惑剥开糖果纸，还有人尝试着舔了一口。一个小时过去后，科学家们发现，只有极少数孩子还保留着糖果，于是科学家们又给他们发了一颗糖果。之后的30年里，科学家们跟踪调查，发现那些不能忍受糖果诱惑的孩子在社会上碌碌无为，而那些忍耐时间稍长的孩子有所小成，忍耐了一个小时诱惑的孩子最终成为各行各业的精英分子。

如果把社会能力的集大成比作需要用时间去酝酿的美味"糖果"，拼命奋斗的人不是不想立即吃掉那颗"糖果"，只不过是

将自己对"糖果"的渴望压制着；拼命奋斗的不代表没有疲累的汗水，只不过将疲惫和劳累转化成甘霖来浇灌自己的理想，继续前进。拼命奋斗的人用毅力来迎接挑战，用脚踏实地来践行自己的梦想。拼命奋斗的人是思虑成熟、意志坚强的人，拥有超凡魅力的人是阳光、进取，拥有独特风度的人。

**二、不同的花开**

俗话说：冬练三九，夏练三伏。三九天是一年中最冷的时候，三伏天是一年最热的时候，练武讲究越是在艰苦的环境下越是能锻炼一个人坚忍不拔的品质。

在给许多中学生做家教的一段时间里，我有种深刻的感受，虽然不提倡环境过分的艰苦，但适当的艰苦还是有必要的。物质条件的富裕虽然能保障孩子获得优质的教育，但有时候反而阻碍了学生进取心的养成：在室外35摄氏度的高温下，孩子坐在二十几度的空调房里十分惬意，左手偷偷地按着手机，右手抓着笔从一个手指绕到另一个手指，才看了两行书，爷爷奶奶爸爸妈妈就时不时端来西瓜、酸梅汤、冰激凌慰问孩子。

"今天就先把这一章的英语单词背熟好了！"

"老师，能不能少一点啊?"

"那就减半吧！"

"老师，求你个事儿!"

"说！"

"待会儿我妈妈要是问我学得怎么样的话……"

"我就说你学得很好？"

"老师，太感谢你了！"

"……"

武昌沿江地带渐渐开发成江滩公园，江风徐来，绿柳招摇，秋天桂树十里飘香。五步一亭十步一阁，各种运动设施齐备，环境十分优美，是市民散步的好地方。在10年前，那里还比较荒芜，低矮的平房、废弃的船只、巨大的沙堆零散在江边，白天小平房室内温度可以达到40摄氏度，室外经常突破45摄氏度。我曾撑着伞从那里经过，觉得酷热异常。武汉人的火暴脾气，与天气不无关联。

"君子曰：学不可以已。青，取之于蓝，而青于蓝；冰，水为之，而寒于水。木直中绳，以为轮，其曲中规。虽有槁暴，不复挺者， 使之然也。故木受绳则直，金就砺则利，君子博学而日参省乎己，则知明而行无过矣……"

"天下事有难易乎？为之，则难者亦易矣；不为，则易者亦难矣。人之为学有难易乎？学之，则难者亦易矣；不学，则易者亦难矣……"

一对小兄妹端坐在黑色的遮阳网覆盖下的一隅，阳光透过网格状的空隙，星星点点地洒在他们身上。用纸盒拼成的简陋的小书桌上放着摊开的旧课本，从轮船上卸下的巨大的电风扇，鼓动着狂躁的热风，这是他们的父母能够给予他们最好的学习条件了。稚嫩的童音，咬字清晰而无龃龉，像是两重唱。略微黑红的小脸儿上，痱

子已初见端倪，然而他们的神情却是愉快而满足的。

"你知道自己读的是什么意思吗？"

"虽然不太明白，但书读百遍其义自见！"

"这么热的环境你怎么读得进去呢？"

"我想像哥哥一样能够背下所有的古文！"

"江边好吗？"

"很好啊，有时候还能看见江豚跃出水面呢！上次在江边捡了很多漂亮的石头和钉螺呢，我把它们串成了好多串儿，在农村老家可是个稀罕物呢！"

等我渐渐走远，那清澈的朗读声又响起，"吾资之昏，不逮人也；吾材之庸，不逮人也。旦旦而学之，久而不怠焉，迄乎成，而亦不知其昏与庸也。吾资之聪，倍人也；吾材之敏，倍人也；屏弃而不用，其与昏与庸无以异也。圣人之道，卒于鲁也传之。然则昏庸聪敏之用，岂有常哉？"

10年过去了，偶尔也会想起那稚气的童音，我不知道现在这两个孩子境况如何，聪明的你或许能够看得出他们人生的走向。外在的物质条件是可以凭借机遇而改变的，但心底那颗积极进取的火种却是不可复制的。我想，那个小孩子一定会感激曾经拼命奋斗的日子，而那些不喜欢学习的小孩子会不会后悔没有用功读书我猜不出来。

三、哈佛校训

作为拥有全世界五分之一人口的超级大国，我国却并不是教育强国，清华、北大在全球名校排行榜上的表现并不理想。然而号称精英摇篮的哈佛大学，为全世界培养了33位诺贝尔奖获得者，还有包括奥巴马在内的8位美国总统毕业于此，一大批各行各业的精英分子也从这里走出。究竟什么造就了这种奇迹？这吸引了无数学者一探究竟。其实，哈佛校训20条早已说明了原因：

1.此刻打盹，你将做梦；而此刻学习，你将圆梦。

2.我荒废的今日，正是昨日殒身之人祈求的明日。

3.觉得为时已晚的时候，恰恰是最早的时候。

4.勿将今日之事拖到明日。

5.学习时的苦痛是暂时的，未学到的痛苦是终生的。

6.学习这件事，不是缺乏时间，而是缺乏努力。

7.幸福或许不排名次，但成功必排名次。

8.学习并不是人生的全部。但既然连人生的一部分——学习也无法征服，还能做什么呢？

9.请享受无法回避的痛苦。

10.只有比别人更早、更勤奋地努力，才能尝到成功的滋味。

11.谁也不能随随便便成功，它来自彻底的自我管理和毅力。

12.时间在流逝。

13.现在流的口水，将成为明天的眼泪。

14.狗一样地学，绅士一样地玩。

15.今天不走，明天要跑。

16.投资未来的人，是忠于现实的人。

17.受教育程度代表收入。

18.一天过完，不会再来。

19.即使现在，对手也不停地翻动书页。

20.没有艰辛，便无所获。

这个世界上的精英分子尚且如此努力，你有什么理由不努力？你现在的努力将决定你未来三年的处境。还记得电影《风雨哈佛路》中的经典台词：我希望能和别人平起平坐，而不是像现在这样低人一等。接受良好教育，读遍所有好书。我是不是该发挥自己的每一份潜力呢？我必须成功，别无选择。

那么，要怎样做才能激发自己持续不断地奋斗？怎样才能变成更加优秀的自己呢？

第一，你要清楚地知道自己的梦想。航行在大海上的船，如果不知道自己要去哪里，那么不管从哪个方向吹来的风，都是逆风。你如果不知道奋斗的目的，你是永远也无法成功的。拥有梦想的人是幸福的，每一天醒来都充满活力。

第二，与有同样梦想的人交往。与有同样梦想、同样执著于奋斗的人在一起，会形成一个磁场，它会催促你前进。

第三，不忘初心方能如一。每当你想放弃的时候，问一问自己当初为什么坚持。成功的路途不会平坦，唯有不忘初心，才能达成所愿。苦不苦，想想长征二万五；累不累，想想革命老前辈。

第四，平常心。心的本色该如此。成，如朗月照花、深潭微澜，是不论顺逆、不论成败的超然，亦是扬鞭策马、登高临远的驿站。败，如滴水穿石，汇流入海，有穷且益坚、是不坠青云之志的傲岸，有"将相本无主，男儿当自强"的倔强。荣，江山依旧，风采犹然，恰沧海巫山，熟视岁月如流，浮华万千，不屑过眼烟云；辱，胯下韩信，雪底苍松，宛若羽化之仙，知退一步，海阔天空，不肯因噎废食。

奥斯特洛夫斯基在《钢铁是怎样炼成的》这本书中借保尔·柯察金之口说出：人的一生应当这样度过，当回忆往事的时候，他不会因为虚度年华而悔恨，也不会因为过去的碌碌无为而羞耻；这样，在临死的时候，他就能够说："我的整个生命和全部精力，都已经献给世界上最壮丽的事业——为人类的解放而斗争。"

我们的一生应当这样度过：当我们回首往事的时候，感激曾经拼命奋斗的日子！

 自我检查

1905年，法国心理学家比奈制定出了第一个测量人类智商的量表——比奈—西蒙智力表，测试内容包括观察、记忆、想象、分析判断、思维、应变能力等。他根据这套测验的结果，将一般人的平均智商定为100，而正常人的智商，根据这套测验，大多在85到115之间。真正高智商的只有极少数的百分之二，例如世界知名的高智商组织有Mensa、DBC、Ultranet、Prometheussociety、33iq等。

科学家调查发现，通过智力测试，班上所谓的尖子生在智商上并不是特别突出，智商跟班上绝大多数人相差无几，也没有像毕加索、达·芬奇、莎士比亚、比尔·盖茨、乔布斯之类的杰出才能。然而为什么他们的成绩会比较优秀呢？为什么他们的学习

效率高呢？根据进一步调查，发现他们最大的特点就是有极强的自我检查的能力。善于自我检查的人非常善于管理自我，分得清主次矛盾，把时间主要集中在重要的问题上。

自我检查是一种良好的学习方法。

首先，自我检查可以让你明确自己的学习目标。你要检查自己梦想的实施状况，譬如你想盖一栋楼，首先你要清楚你的蓝图是怎样的，想清楚你要的建筑风格：哥特式建筑风格、巴洛克建筑风格、洛可可建筑风格、园林风格、概念式风格……你要清楚你的"大楼"的细枝末节，包括要用什么砖瓦、什么色彩。自我检查就要清楚自己每一天的目标，清楚你每一天要做的事，看着自己一天天完成自己的目标。

其次，自我检查要求你自己督促自己完成目标。学习成绩好的同学之所以在学习上比较积极主动就在于善于自我检查。每天都是在父母和老师的督促下才完成学习任务的学生就像在给别人打工，难免会有消极懈怠的心理，而自己检查自己的作业的学生则有一种自己当老板的心态，学习上自然会比较主动进取。你是想成为在学习上给别人打工的打工仔，还是想成为老板？随着自我检查的深入，你完成目标的程度也就越高。

最后，自我检查能够帮助你管理好自己。自我检查实际上是一种自我约束力，要求你对自己负责，严格要求自己。

那么，究竟该怎样自我检查呢？自我检查包含以下几个方面：

第一，目标管理，有没有完成每天的任务。不仅仅是语、数、外、理、化、生，课堂作业、课外作业，目标管理还包括你有没有扩充课外知识，有没有坚持培养自己的兴趣爱好，有没有完成举手发言的目标，有没有完成登台演讲的目标，有没有完成每天所记的单词量……这些都是你要管理的目标。

第二，质量管理，是否听懂了课堂上的内容。听课效率直接关系到学习成绩，这个你已经很懂了。听不懂老师讲课的话，作业就会很难完成。不要以为写作业就是单纯地写作业，它实际上是在考查你在课堂上是否听懂了。作业也要高质量地完成，不会的也不要去看别人的答案或者借助高新科技来应付，老师想要了解的就是他的讲课你是否听懂了，如果所有的作业都是标准答案，那么老师就会跳过这一章直接进入下一章。如果作业上面表现出了种种错误，那么老师就会慎重对待，着重把具有共性的问题讲解清楚。

第三，心态管理，学习心态是否积极。学习心态积极的人，会以一种比较愉快的状态完成每天的学习，逐渐形成良性循环；学习状态不佳的人，在学习的过程中会非常痛苦，长此以往恶性循环。心态所影响的不仅仅是你的学习成绩，还有你的生活状况以及你与同学、老师、父母等亲近的人之间的关系。

第四，健康状况。身体是革命的本钱，没有一个健康的体魄，其他一切都是空谈。不赞成那种因为学习而变得神经衰弱的做法，要懂得劳逸结合。学习是一场持久战，身体如果不够健康，在临近终点的时候突然跌倒会后悔莫及。每天早起，坚持跑

步锻炼，坚持做俯卧撑或者仰卧起坐。每周的体育课尽量出去锻炼，尝试着进行各种运动，羽毛球、乒乓球、篮球、足球、网球、台球……各种球类运动可以锻炼你集中注意力。我读高中的时候有个男同桌，成绩特别好，但身体比较差，结果高考前3个月他住院了。由于平时没太注意身体健康，在长期的课业负担下肺部严重受损，导致最关键的时候只能中断学习，结果原本上一本重点没问题的他只读了个不算很好的二本学校。

第五，时间管理，有没有高效率地完成任务。勤奋学习是提倡的，然而毫无效率的勤奋就是一件很愚蠢的事情，还不如先回家好好休整。时间是宝贵的，每一分钟都有意义，要给需要完成的每一件事设定时限：譬如给自己制定一个小时要完成的作业量，不管有没有完成都停下来。无时间约束的任务是无效率的，也是没有意义的。一个心不在焉的人和一个专注的人同样坐在教室里写作业，专注的人通过一个小时完成了所有的课堂作业与心不在焉的人一整天都没有完成课堂作业，这期间的差距自不必说。你要做的就是努力在最短的时间里完成最多的目标。你一定看见过那种成绩特别好的人，但是感觉人家没有你用功，你每次写作业的时候人家都在玩，但每次考试人家都能轻轻松松地拿到一个比你高很多的分数。你心里是不是特别地不平衡？你是不是特别羡慕嫉妒恨？不用这样，你也可以，只要你能坚持时间管理，长此以往你也会成为被羡慕的对象。

# 自我反省

曾子曰："吾日三省吾身，为人谋而不忠乎？与朋友交而不信乎？传不习乎？"

人非圣贤孰能无过，况且贤明如曾子尚且每日多次反省自己，作为普通人的我们更要学会自我反省。

一个人只有自我反省才能够正确地认识自己，从而树立正确的人生观价值观。有个小女孩儿很想和别人交朋友，却老是交不到朋友。有一天她走到山谷前，对着山谷大喊："你是谁？"几秒钟之后山谷也传来了"你是谁"的悠远回声。小女孩儿很惊奇又问了句："我问你是谁呢！"山谷也回了句"我问你是谁呢"，微带着不耐烦的余韵。见山谷还是不回答自己，小女孩儿生气地说："你是个笨蛋！""你是个笨蛋！"山谷也回了一声带着怒意的小女孩儿声音。"我不要再理你了!"小女孩儿生气地跑开了,"我不要再理你了!"另一个"小女孩儿"也生气了。小女孩儿从山谷回来以后向妈妈投诉,妈妈听完后告诉她明天再去的时候好好地跟"那个小姑娘"说话。第二天小女孩儿试探性地对山谷说:"对不起。"山谷也回了一句"对不起",之后她们说了很多话,晚上妈妈问小女孩儿聊得怎么样,小女孩儿十分开心,稍后很不好意思地说昨天是自己不对,妈妈欣慰地笑了。当我们抱怨周围的冷漠与不友善的时候,请先反省自己是否在别人需要帮助的时候袖手旁观。一个人只有通过不断地自我反省才能自我完善,培养良好的心态。

自我反省能够不断地改正自己的错误,所谓亡羊补牢为时未晚,一个人犯了错误,不管什么时候改正都不晚。中国魏晋南北朝时期"笔记小说"的代表作《世说新语》中记录了一个非常有意思的故事:有一个叫作周处的少年,为人蛮横强悍,任侠使气,成为当地的一大祸害。义兴的河中有条蛟龙,山上有只白额虎,一起祸害百姓。义兴的百姓称他们是三大祸害,三害当中周处最为厉害。有人劝说周处去杀死猛虎和蛟龙,实际上是希望三个祸害相互拼杀后只剩下一个。周处立即杀死了老虎,又下河斩杀蛟龙。蛟龙在水里有时浮起有时沉没,漂游了几十里远,周处始终同蛟龙一起搏斗。经过了三天三夜,当地的百姓们都认为周处已经死了,相互对此表示庆贺。结果周处杀死了蛟龙从水中出来了。他听说乡里人以为自己已死而对此庆贺的事情,才知道大家实际上也把自己当作一大祸害，因此，周处自我反省，有了悔改的心意，决定改过自新，于是便到吴郡去找陆机和陆云两位有修养的名人。当时陆机不在，只见到了陆云，他就把全部情况告诉了陆云，并说："自己想要改正错误，可是岁月已经荒废了，怕最后也没有什么成就。"陆云说："古人珍视道义，认为'哪怕是早晨明白了道理，晚上就死去也甘心'，况且你的前途还是有希望的。再说人就怕立不下志向，只要能立志，又何必担忧好名声不能传扬呢？"周处听后就改过自新，终于成为一名忠臣。

自我反省还能不断地鞭策自己，重新塑造自我。有一位苦修的僧人，他修行了很久也没有领悟出人生的奥义。于是他向师父询问怎样才能突破原有的自己。师父递给他一盒棋子，让他每当头脑中有一丝邪念的时候就放一颗黑色的棋子在口袋里，每做一件好事就放一颗白色的棋子在口袋里；每10颗白色的棋子换1颗黑色的棋子，什么时候口袋里只剩下白色的棋子后就修成正果了。僧人听了师父的话后开始深刻反省自己并坚决地执行，从最开始的黑色棋子占绝对优势，慢慢地黑白棋子相当，到最后终于没有一颗黑色的棋子了，苦行僧终于修成了一位得道高僧。自我反省是促使苦行僧不断地改正自己的动力，一个人只有不断地自我反思才能够顺利地成长。

《史记·廉颇蔺相如列传》记载：战国时期赵国舍人蔺相如凭借着完璧归赵以及陪同赵王赴秦王设下的渑池会的出色外交，最终不辱使命，被赵王封为上卿，地位在以战功著称且战无不胜攻无不克的老将廉颇之上。廉颇十分不爽，心想着一介小文官凭借着耍嘴皮就轻松地爬到了自己头上，让人忍无可忍。老将军决定找机会羞辱蔺相如一顿。蔺相如听到之后称病不上朝，心想着惹不起还躲不起吗？然而终于有一次，两人的车马还是打了个照面，蔺相如十分懂事地把车子让到一边，让廉颇先走。然而蔺相如的手下看不过眼了，说蔺相如藏头露尾的忒没上卿的威风，蔺相如语重心长地解释说自己不是怕将军，而是怕与廉颇闹矛盾后被秦王那小人偷袭。这话后来传到廉颇的耳朵里，廉颇做了一次十分深刻的反省，发现是自个儿小心眼儿，于是有了后来的负荆请罪以及将相和的美谈。

自我反省的重要性不仅在于改正错误，还在于防微杜渐，把错误消除在萌芽状态。

修身齐家治国平天下，中学生只有先学会反省自我，不断提升自己，将来才能成为一个引领民族反思的卓越领导者。每日反省自我要做到以下几点：

首先，看言行举止有无过错。良言一句三冬暖，恶语伤人六月寒。无心的一句话可能会重创别人的感情，尤其是关心我们的人。当你放学回家，父母高兴地问你今天上课怎么样、与老师同学相处怎么样、学校环境怎么样等等问题让你烦不胜烦，"你烦不烦啊？"一句话脱口而出。换位思考一下，你有没有想过你的父母辛勤工作了一天，还要为你安排好一切，出于关心的话被你一句话伤得体无完肤。父母亲人朋友会包容你的无心之过，可是将来你走入社会还有人如此包容你吗？不，绝不可能！诸如此类，每日反省自己的言行，然后下决心改正，长此以往你将发现你与父母、同学、老师的关系变得越来越好，将来也能更加顺利地走向社会。

其次，看与人交往有无诚心。学校是个小社会，为人处世最重要的一点就是要诚心。有同学有急事想找你帮忙，你不好意思拒绝，于是极不情愿地答应了，谁知忙于自己的事情把这件本来就不想做的事情遗忘了，等朋友找来时你才发现自己根本不记得。长此以往你觉得你的人际关系还会好吗？任何事情别人找你，能帮忙就尽快帮忙，不能帮的时候，就直接告诉别人。你之所以不把别人的话放在心上或者敷衍了事，关键就在于没有诚心。与人交往没有诚心，结果肯定是不愉快的。

最后，看学习过程中有无过错。每次遇见学习中的错漏，你发现之前相似的题目好像也做错过。这个时候，你有没有自我反省，为什么会这样？如果你没有自我反省，可以肯定的是你还将继续犯同样的错误。你现在对待学习的态度就是你将来对待工作的态度，现在就对学习过程中的错误进行反省，你将会提升得非常快！聪明的人不犯第二次相同的错误，因为他能够自我反省，你也可以成为更聪明的自己！

# 自我学习

　　年初买的魅族MX4核手机因为使用不当，导致电池损坏，暑假还没结束我就预备到专卖店里换一块新的电池。不看不知道，一看吓一跳，魅族M9都已经出来了！更新得也太快了点儿！回想着，从QQ2007到QQ2013；从博客到微博再到微信；从WindowsXP系统到Windows8系统；从台式电脑到笔记本电脑再到平板电脑；从第一款揭盖式手机摩托罗拉8900到苹果iPhone5；从Symbian系统到ios操作系统：这个时代正在以一种不可思议的速度前进着！

　　你所学的知识在你毕业前就已经过时了，即使是最先进的技术也可能会在三年内淘汰，你该怎么办？自学，唯有自我学习！美国未来学家阿布文·托夫勒曾说过："未来的文盲将不是目不

识丁的人，而是不知道如何学习的人。"仔细观察一下，那些在课堂上表现比较好的人也是善于自我学习的人。

一直以来我所受到的教育就是要爱惜书本：新书发下来就用包书纸包起来，偶尔在书上做工整的笔记，但书还是会非常干净，一学期下来就像新的一样，厚薄如初。读初中的时候，老师看了看我的书，语重心长地教育我说："要学会把书由薄读到厚，再由厚读到薄。"我感到十分惊讶，所谓的"由薄读到厚"我倒是见过：类似于《韦编三绝》，由于书的主人非常勤快地翻阅书本，原本平整干净的书页会沾染上大量的汗水以及手上的油迹等，再加上勤于做笔记或者笔记做不下就附加一些粘贴卡片，一本书可以增厚原来的二分之一甚至一倍，捧在手里有点像发泡的树叶。而所谓的"由厚读到薄"是建立在"由薄读到厚"的基础上的。我思考了很久也没想出个所以然，直到后来有一天，班上重新调了一次座位，遇见了初中最后一任同桌，我才终于知道是怎么回事了：他是一个全能型学生，每一科都十分优秀，尤其是逻辑性极强的数理化。例如数学，当他的书经历了由薄读到厚的过程之后，他会用一把剪刀把他自己认为十分重要的内容剪下来重新订成一本他自己的数学书，然后把例题中的条件数值改掉，从来不买额外的习题，从来都稳居年级第一。

善于自我学习的人不论处于什么样的阶段，都会抓住机会不断地充实自己。

飞雪连天射白鹿，笑书神侠倚碧鸳，再加上越女剑，相信广大的武侠迷对这15部作品的作者一点也不陌生。2005年，一代武侠宗师金庸老先生，以81岁的高龄前往英国剑桥大学，攻读历史学硕士、博士。2010年9月，86岁高龄的金庸先生顺利完成博士论文答辩，以《唐代盛世继承皇位制度》的博士论文获得剑桥大学哲学博士学位。名和利对于金庸老先生已经没有意义了，然而他还能在80多岁这个记忆力和学习力严重下降的年纪坚持学习，实在是非常难能可贵的！金庸老先生自我学习，真正践行了"活到老学到老"这一至理名言，这种自我学习的精神值得所有人学习！

老姐下班回来常跟我说很佩服他们新闻采编中心的老夏，我问为什么，老姐说花甲之龄的老夏一点不陈腐，QQ、微信、电脑玩得样样精通，各种流行的影片和电视剧也如数家珍。电脑用的是Thinkpad指纹识别款的，手机用的是苹果Iphone5的。视力不好的他还自学了Photoshop、Coreldraw、Premiere、TitleDekocn、Cool等非常复杂难学的软件，非科班出身的他还自学财会知识，只要是与工作相关的他全部都自学了，简直是一个牛人！老姐说得手舞足蹈，我心里十分震撼，谁说高科技是年轻人的特权！自我学习不仅仅在学习工作上对个人有帮助，在社交场合也非常有用处，比如一个人不合群，与别人都谈不来，那么他肯定不善于自我学习。善于自我学习的人会观察他人的兴趣，从而有针对性地学习大家共同感兴趣的话题，开阔视野，拓宽知识面。

针对中学生，自我学习要掌握以下几个要点：

第一，充分预习。做好充分的预习会学得很轻松，你一定有这样一种感受，当你利用寒暑假的时间用来预习英语和语文，并背诵了所有英语单词以及语文必背篇目之后，你会发现老师上课所讲的知识你很容易就能接受，学得又轻松又好。通过预习，进而培养独立思考的习惯。一个人有了独立的思考能力才能有是非判断能力，从而判断什么是该做的什么是不该做的。预习是摸索自学的最初阶段，打好了基础才能进行更深入的学习。

第二，多问自己几个为什么。带着问题听课的人学习效率非常高，因为他能有针对性地听取自己感到困惑的地方，而且记忆效果和理解程度都会比较深刻。有两个人进京赶考，其中一个人生性活泼，于是跑到集市上逛街，突然他发现一个老奶奶面前放着一只铁猫，猫的眼睛一看就是上好的猫眼石。于是这个人就上前询问，老奶奶说这是家传的宝贝，要不是儿子惹了官司急需用钱，现在也不会拿出来卖。铁猫少于300两银子不卖，老奶奶坚持。这个人说愿意花100两买这只猫的眼睛，老奶奶想了想还是同意了。这个人兴高采烈地跑回去跟同伴讲这件事，同伴略一思考就问了地址跑出去了，找到老奶奶的时候那只铁猫还没有卖出去。当这个人表示愿意买这只猫的时候，老奶奶表示只需要两百两就够了。这个人就抱着铁猫回去了。生性活泼的那个人见同伴花了200两买了一堆废铁后哈哈大笑。同伴拿着小刀刮了刮铁猫，突然黄金色露了出来，原来是一只黄金铸造的猫！先前嘲笑的人立即目瞪口呆，心里十分后悔。同伴解释说自己在听到他用100两买了一对猫眼石后就多问了几个为什么，结果自己猜对了。原来当初铸造铁猫的时候，铸造者怕后辈不好好努力，坐吃山空，于是用黑漆把黄金掩盖起来。多问自己几个为什么，你会有意想不到的收获。

第三，借助工具自我学习。对于文史类需要大量阅读的科目，可以借助工具来帮助理解。如今网络技术发达，无论是用手机还是用电脑都能很方便查阅，"百度"基本上无所不知、无所不晓。还有一些官方网站或者图书馆文献资料，都可以成为你学习的工具。会合理使用工具的人，学习效率自然就会比较高，但是一定要记住，不能过分依赖工具。让自己的思想成为别人的跑马场是一件很愚蠢的事，工具仅仅是帮助你学习的，而不是指挥你学习的。

第四，做好复习。学过的知识隔一段时间不去触碰就会忘记，做好复习就能有效巩固所学的知识。子曰：学而时习之不亦说乎。意思是，学习的过程中时常回头来复习是一件很愉快的事情。《倚天屠龙记》里面有个骗局，大家千万不要相信了：赵敏带着她的手下挑战张三丰，张无忌预备出手相助，但赵敏不许张无忌用他之前所学的成名绝技，诸如乾坤大挪移、九阳神功等等。于是张三丰现场传授徒孙张无忌太极拳心法，传授完之后张三丰问："无忌，我教你的还记得多少？"张无忌："回太师傅，我只记得一大半。"张三丰："那，现在呢？"张无忌：

"已经剩下一小半了。"张三丰："那，现在呢？"张无忌："我已经把所有的全忘记了！"张三丰："好，你可以去与他战斗了……"金庸老爷子有时候是不靠谱的，你要是把所有的基础知识都忘了然后去参加高考，这简直就是个坑，后果你要懂得，如果没有做好复习这个步骤，那么前面做的算是都白费了！

 自我激励

　　2010年引进版图书中，有一本非常有趣，叫作《用洗脸盆吃羊肉饭》，作者是一个叫作石田裕辅的日本人。他怀揣着5300美金，历经7年半的时间，完成了环游世界9万五千公里的自行车美食之旅。从北美洲出发，穿过阿拉斯加、美国、墨西哥、伯利兹、危地马拉到达南美洲，再穿越厄瓜多尔、秘鲁、玻利维亚、智利、阿根廷到达欧洲，吃遍丹麦、挪威、芬兰、匈牙利、捷克、比利时、英国、法国、西班牙美食来到非洲，品尝了毛里塔尼亚、塞内加尔、肯尼亚、马里、坦桑尼亚、马拉维、纳米比亚美食，又经过意大利、保加利亚、土耳其、叙利亚、埃及、以色列、伊朗、土库曼斯坦、中国、巴基斯坦、印度、泰国、越南、韩国，回到日本。

他的经历看上去很精彩也非常美味，但实际上他在旅途中也遭遇了非常多的凶险：7年半期间被强盗抢劫了2900美金，有一次在秘鲁境内不仅被强盗洗劫一空，还被脱掉衣服捆绑着扔进了沙漠，若不是他比较机灵，恐怕小命儿都搭上了。突然想起《报任安书》：文王拘而演《周易》；仲尼厄而作《春秋》；屈原放逐，乃赋《离骚》；左丘失明，厥有《国语》；孙子膑脚，《兵法》修列；不韦迁蜀，世传《吕览》；韩非囚秦，《说难》、《孤愤》。《诗》三百篇，大抵贤圣发愤之所为作也……石田裕辅若不是经历了许多挫折，恐怕也不会写出《用洗脸盆吃羊肉饭》这本书吧！酷寒中的柳橙、世界尽头的大餐、欧洲各国的美食、羊肉的口感、怀念的滋味……这些无不激励着独自旅行的勇士奋力前行。就像石田裕辅的宝贝自行车，在旅行的过程中要不断地打气，人在生命历程中遭遇挫折后也要不断地自我激励。石田裕辅如果没有自我激励，他不可能在经受了三次抢劫之后还能勇敢地继续自己的环球梦想。

事物产生变化通常是由内因和外因共同决定的，但内因起着决定性的作用。懂得自我激励的人不是感受不到痛苦，只是他更愿意把痛苦转化为前进的力量。积檀木而焚的凤凰若不浴火怎能重生，眼前的痛苦是为了更辉煌的未来。自我激励不是螳臂当车，明知不可为而为之，自我激励是在明白自己能力的基础上给自己一次变成更优秀的自己的机会。懂得自我激励的人更明白路途的艰辛，只是他不经历绝望的黑夜怎能守望光明。沙漠里的鸵鸟在遭遇沙尘暴的时候会把自己的头扎进沙漠里，以期躲避风沙，可是懂得自我激励的人如果把头埋在沙子里又怎么会看得到希望？

懂得自我激励的人不相信黑暗过后仍是黑暗，不相信此岸无法通向彼岸，不相信坚强只能换来心伤。纵然，身后只剩一片沙漠；纵然，已筋疲力尽身负重伤，汩汩的鲜血从银色的铠甲中流出，也能浇成绿洲！坐以待毙是懦夫才会选择的方式。是山，就屹立成一种威严；是水，就倾泻成一种磅礴；是风，就呼啸成一种大气。一定要在这世间刻下些痕迹，以证明自己来过。总有一天，它会被读得懂的人读懂，让同样在这年轻的战场上勇敢奋斗的人不那么孤单！总有一天，会有坚定的声响回应独自奋斗的人，让永不熄灭的灯火交相辉映成明媚的海洋！

路只有两种，平坦或者崎岖。回首已经跨过的22度春秋，一如我右手掌心生命线的纹路：从虎口处发端，十分之二长度的纹络粗而深，像蜡笔小新的眉毛，显得十分明晰，其后便分作两条轨迹，每一条都显得单薄而杂乱，待行至十分之四又合二为一，似一叶浮萍归大海，姿态飘摇却路径坚定。

学生日常表现记载本按寝室顺序传到了我的手中，除了自我评价等比较常见的问题之外，这次竟有些新意：你最得意的和最失意的事情是什么。一时间竟然被问住了，记忆的触点开始游离，原本奋笔疾驰的右手顺势搁浅在空中。参看了前面已经填写的答案，或是与某个奖项相关或是与大学录取有关，每个人的经历都不同，也无所谓参考了。

最得意的事情是什么？我想，自母亲给了我生命以来至那场意外，我的人生一直是得意的吧：做好孩子、好学生，好好学习天天向上，年年捧回鲜红的奖状，为父母争光，为同学所羡慕。日子过得像清澈的溪水，迈着轻快的步子一路前行。要说“最”，我还真没有什么特别的记忆。

有人说：你有可能不记得跟你一起欢笑着干杯的人，但一定会记得跟你一起哭泣后又相互激励的人。

最失意的事情是什么？蓦然回首，那一年冬季，火车轰隆声，我此生不忘。安逸的溪流陡然遇见悬崖，砯崖转石，飞奔直下。它足以让我险些丧命，抹掉所有唾手可得的荣誉和光明并慷慨地赐予我未来人生挥之不去的悲伤，火车鸣笛声每每让我有种杯弓蛇影般的幻觉，坐立不安。如果说两年多的伤痛只是对身体的折磨，那么伴随我的无知的嘲讽和无尽的叹息以及与无数“关注的目光”的“华丽邂逅”更是在挑衅我的极限。然而镜子里的恐怖面容只一瞬便足以让我溃不成军，脚尖触地的一刹那，千万支钢针对神经的刺痛感升腾起来，扼杀仅存的希望。世界末日是怎样一种灰暗，我不知道，但是此刻我的世界已经了无生机。

父亲语重心长地对躺在病床上的我说“苦难是一笔财富”，对我而言是多么望梅止渴的安慰！原本以为我人生的灰暗色调会无限绵延下去，直到某一天，我从某位亲人口中听说，我那位坚强异常的父亲在我住重症监护室的时候发誓说，如果我一个月之内还不醒过来他就从这层楼（四楼）上跳下去，并不顾众人在场躺在地上哭得稀里哗啦。内心的那个柔软的角落被触碰到了，我告诉自己："你如果不发奋图强，敢自暴自弃，敢不优秀，你就对不起这个敢拿命来爱你的男人！"为了父亲，之前所有不能承受的痛苦都可以化作微风细雨，只为成功找理由不为失败找借口。

"所有的为了变成更加优秀的自己的努力都是值得的，相信我，眼泪不是为了经历的困苦所悲伤而是因为遇见绚烂阳光喜极而泣，我会永远让你看见我快乐的样子！"我在日记里重重地写道，用以激励自己并不强大的心。

自重症监护室里苏醒过来，我的人生便开启了一段新的旅程——第二人生：起来，像正常人一样行走，便是我所有的奋斗目标。

孟子曰："天将降大任于斯人也，必先苦其心志，劳其筋骨，饿其体肤，空乏其身，行拂乱其所为，所以动心忍性，曾益其所不能。"不再理会同学的嘲笑和异样眼光的驻足，我知道，我所表现的所有痛苦或者快乐在他们那里都是要放大的。只要我够坚强、够勇敢，别人才会对我够尊重。不管这一路有怎样的艰辛、困苦，总有一双关爱的目光注视着我、鼓励着我。通过康复训练，我创造了医学上的奇迹，恢复效果良好超出医生的预言。勤能补拙，通过自己的努力把休学期间落下的课程补了回来，并最终以一个差强人意的分数通过高考。一步一个脚印，纵然它不够完美，也对得起自己无悔的青春。

在单调贫乏的日子里，用一首首诗来激励自己，试摘录一首

自己曾经信笔涂鸦的小诗，送给所有正在为梦想而激励自己前进的勇士们：

　　阳光，瞬间灿烂了整个脸庞
　　心，不需要任何地方躲藏
　　没有哪一扇窗，容不下远方
　　没有哪一片天空，心不能飞翔！
　　笑了就好，即使跌倒
　　肆意的风浪咆哮
　　只会让勇敢者更骄傲
　　雄鹰，不理会燕雀的嘲笑
　　哪怕，孤独的忍受煎熬
　　败了又怎样？
　　仅留一道伤
　　心，仍可以远航
　　只在乎沿途的风光！
　　——《一个人的远航》

# 人际交往的技巧

人类是群居动物，这决定了我们生存在这个社会上就不得不与别人打交道。人与人交往的关系的总和被称为"人际交往"，包括亲属关系、朋友关系、同学关系、师生关系、雇佣关系、战友关系、同事及领导与被领导关系等。不同的关系中我们要扮演不同的角色，我们所处的每一种关系都对我们的生活产生重要影响，因而学会人际交往具有十分重要的意义。

2007年2月10日，贝拉克·侯赛因·奥巴马二世，在伊利诺伊州斯普林菲尔德市以侧重完结伊拉克战争以及实施全民医疗保险制为竞选纲领，正式宣布参加2008年美国总统选举。同年6月3日，奥巴马票数领先于希拉里·克林顿，被定为民主党总统候选人。11月4日，奥巴马击败共和党候选人约翰·麦凯恩，正式当选为美国第四十四任总统，成为美国历史上第一位非裔总统，首位同时拥有黑（卢欧族）白（英德爱混血）血统的总统。2012年11月6日，奥巴马在美国总统选举中击败共和党候选人罗姆尼，成功连任。奥巴马能够赢得美国总统大选绝非偶然，这与他卓越的人际交往能力是分不开的。

可以说，一个人的人际交往能力直接决定了他在未来社会所能取得的成就。要想建立良好的人际交往关系，必须从友好做起，应用下面的人际交往技巧，你将建立更出色的人际关系！

不要对别人进行批评指责或者抱怨。美国著名的企业家、教育家和演讲口才艺术家，20世纪最著名的成功学导师，戴尔·卡耐基在《卡耐基励志全集》中说过这样一句话："批评就像家鸽，它们总会回来的。如果你我明天要造成一种历经数十年、直到死亡才消失的反感，只要轻轻吐出一句恶毒的批语就行了。"批评别人是一种愚蠢的行为，要知道，上帝对于智慧的分配并不均衡。己所不欲勿施于人，你要克服自己的缺陷就已经十分困难了，你凭什么去指责别人。众所周知，不会说话的小孩子听到表扬都会十分开心，因为这是人的本性，而批评只会招致别人的愤恨。那些能笑着听完你批评的人是不存在的，如果存在的话，你应该小心了。心理学上说，批评毫无作用，人们会条件反射似的采取防守的姿态。当你批评、指责或者抱怨别人的时候，你们就已经站在了对立的位置上了，根本就违背了你原本想要建立良好人际关系的初衷。只有不够聪明的人才会采取批评等消极的方式，聪明的人会选择善意的宽恕，四两拨千斤。这是一件非常不容易的事情，所以，你要提高自身的修养，海纳百川，有容乃大。

看到别人的优点，要真诚地表达赞美和欣赏。人们之所以会成为朋友，在于他们彼此拥有对方所欣赏和羡慕的品质。要想建立良好的人际关系，就必须学会慷慨地赞美对方，这种赞美是发自内心的真诚和欣赏，虚伪的赞美只会惹人厌烦。世界上不是缺少美，只是缺少发现，只要你用心观察别人，总会发现别人的优点。网上有个很经典的段子：如果一个女孩子长得很漂亮，就赞美她是个美女；如果她长得不漂亮，你就赞美她非常可爱；如果她长得不可爱，就赞美她很有气质和内涵；如果她也没有气质，你就夸她善良。女生赞美男生同理，或者说虽然你长得并不是最漂亮的，但是你在我看来是最美的。没有人会讨厌欣赏自己的人，相反那个人一定会很喜欢你。如果你能够不吝惜赞美的言辞，别人一定会非常期待与你再一次相见。赞美不是奉承，赞美是一种欣赏，每个人都渴望别人欣赏自己，永远没有人嫌欣赏自己的人太多。此外，在背后赞美别人也是非常有必要的，通过人与人之间的语言传播，你的赞美迟早会传到对方的耳朵里，到时候别人会更加的感动。即便没有传到别人的耳朵里，在听你说话的人心里也会感到你的真心，对你产生很多好感。

微笑。白居易的《长恨歌》写道：回眸一笑百媚生，六宫粉黛无颜色。说的是杨贵妃的笑容非常美，把唐明皇迷倒了，觉得后宫中的众多妃子在杨贵妃的笑容下黯然失色。杨贵妃应该是个十分温柔的美女，微笑更为她增添了无穷的魅力。好似画龙点睛，顿时光芒万丈。微笑不只是一种表情，更能传达出愉悦、赞同、尊敬、感激等情绪，消除对方心中的焦虑不安，直接安抚人心。那么我们在人际交往中应该如何运用自己的微笑呢？当别人不小心撞到你了并慌忙向你致歉，你微笑着摇摇头表示没关系，别人瞬间觉得你是一个非常通情达理且宽容的人，心中的不安一下子就没有了，于是别人鼓起勇气跟你进一步交往；当别人正忐忑地试图询问你是否可以domeafavor的时候，你微笑着点点头，别人能从你的微笑中感受到你的友善；当你微笑着指出朋友的错误的时候，你的微笑让朋友感觉到你的包容，使原本预备辩驳或者发怒的人能够比较心平气和地接受你的观点；当你的朋友在讲台上预备发言时，紧张兮兮地看着你，你一个微笑的眼神就可以表达自己的支持与鼓励，朋友也会感受到你的精神安抚。微笑内蕴着一种积极向上的精神状态，一个习惯微笑的人会感染他周围的人，从而形成一个整体的、积极乐观的、带来无穷的魅力的环境。从现在开始，对着镜子练习发自内心的微笑：不露齿的微笑、八颗牙齿的微笑、十颗牙齿的微笑、哈哈大笑，每天坚持早晚练习，相信要不了多久你就会拥有令人着迷的微笑。

记住你的交际圈里的每一个人的名字。当你兴冲冲地与迎面而来的一个已经很熟的朋友或者老师打招呼，对方也微笑着回应你，但却略略思索后喊出了你另一个同学的名字时场面让你有点尴尬。试问，你现在是什么感受？失望是肯定的！或者略带些自嘲，原来自己在人家心里根本就可有可无的；抱怨接踵而至，你把别人放在了心里，别人却没有把你放在心里，今后你对他的印象肯定没有现在这么好了，以后对别人肯定不会这么热情了。看，就是因为别人没有记住你名字，你就想出一大堆消极的东西出来，现在知道要记住别人的名字的重要性了吧！如果某一天，你经过校长办公室，一面之缘的校长突然喊出你的名字，你什么感觉？你是不是特别激动？校长竟然记住了你这样一个小小的学生，是不是感觉到莫大的光荣？那就对了！你记住多少名字，决定了你的人际交往的圈子可以有多大的发展潜力。人际交往中最忌讳张冠李戴，可能人家表面上没说什么，但内心里已经觉得不值得再深入交往了。其实记住一个人的名字只是最基本的，可以准备一个小本子为你觉得重要的人际关系建立个人档案，包括他的长相、兴趣爱好、生日等等，你记住的越多，表示你对别人的尊重越多。

　　掌握了以上的人际交往技巧之后你已经初步成为了一个人见人爱的社交高手，但是接下来这一点你能否做到则将决定你的人际交往的深度。守信，一个看似非常简单但实际上要求非常高的人际交往技巧，它包括真实可信、遵守信用、守口如瓶等方面。你不会与一个不守信的人交朋友，不会相信一个不守信用的人所说的话。你要与别人深入交往，必须取得别人的信任，让人觉得你这个人是比较可靠的。你对别人坦诚相待，别人才会对你诚实。最近电视上播出了很多起女孩子或者男孩子约见网友，结果被骗财骗色的例子，这是非常失败的人际交往。网络是虚幻的，隔着网络你无从考证一个人是否守信，这也是为什么人们并不相信网友的一个原因。遵守信用，答应别人的事情就要做到。你还记得爸爸妈妈答应给你买的礼物最终却没有买的时候你是什么样的感受吗？你非常失望，甚至决定以后再也不要相信他们了对不对？最亲近的爸爸妈妈要获得你的信任尚且不是那么容易，更何况原本不是很熟的两个人呢？要想与人深交，必须遵守信用。最后是守口如瓶，两个人真正成为朋友始于两人交换秘密之后，这是作为朋友的契约，而且双方有义务为对方保守秘密。无论别人是在什么情况下向你吐露心事，你都要自觉地帮别人保守，否则终于有一天那个秘密经过许多人的传播又回到了它主人的耳朵里的时候，你们的友谊就宣告结束了。

　　以上只是笔者认为比较重要的人际交往技巧，在实际生活中还有很多。人际交往是一门非常强大的应用学科，望同学们在实际交往之中继续总结。有一天你也可以成为奥巴马那样的社交高手！

# 学会团队协作

　　要说我们从小到大，了解到最早的团队协作，恐怕要数《西游记》里面的"取经团队"了。小时候看西游记只觉得孙悟空最厉害，唐僧等人完全是拖后腿儿：猪八戒贪吃、贪睡、贪财、好色，在取经的道路上还经常偷懒，嫉妒孙悟空，向唐僧打小报告，时不时想散伙儿回高老庄；而唐僧就是一个软弱无能、肉眼凡胎、爱唠叨、没本事、刚愎自用的人，还总是冤枉孙悟空；沙和尚就是一个拙嘴笨腮、唯唯诺诺、默默无闻的老实人。归结起来就是"庸才领导天才"！

　　崔岱远先生的《看罢西游不成精：古典名著里的大智慧》非常有趣，以一种非常睿智、幽默的方式解读《西游记》，读来忍俊不禁，从中亦对"取经团队"有了新的理解。试摘录几句：

"'一切远大的理想都是要建立在对世俗的理解和被世俗所接受的基础之上'；而不论是'神仙''妖魔'还是'凡人'都是有感情的，都不能免俗。现实中的人们从唐僧这个'最佳团队'一路取经遭受劫难的历练中，可以学到的东西或许终身受用。观音成功地组建了一支浑然一体的取经团队，取经队伍踏上了西去的路。'四圣试禅心'教育他们如何面对诱惑，而平顶山的金角、银角两位大王让悟空彻底明白了妖精是什么。尽管相对于取经团队以后的经历，这两次磨难只能算是小巫见大巫，但恰恰是这两段经历给了他们宝贵的经验。仔细想想，后面的磨难多多少少都有这两段的影子。"

如今想来，发现笔者原先对《西游记》的理解是有偏差的。最初认为西天取经只需要孙悟空一个人就够了，一个筋斗云十万八千里，取经瞬间就搞定了，根本不需要唐僧这一帮拖后腿儿的。然而什么才是"真经"呢？西天取经遭遇九九八十一难，直至最后还被佛祖摆了一道儿，来了个无字真经。其实真正要取的"经"并不是那些书，而是这一路走来所经历的挫折和苦难，5个最初极不协调的队员最终被锻造成为了一个最优秀的团队。孙悟空固然本领高强，但如果没有其他队员，他根本无法领会真经要义。缺少任何一个人，这个团队都无法完成最终的任务。没有唐僧，就没有人来领导这个队伍，没有人稳定军心；没有孙悟空，就没有人来斩妖除魔，唐僧或许早就被哪个不知名的妖怪吃掉了；没有猪八戒，就没有人能够协调队伍间的摩擦，孙悟空早就被气走了；没有沙和尚，这一路来就没有人团结队伍，取经团队早就解散了；没有白龙马，更不可能走到灵山。

一个人的力量是非常有限的，而团队的力量是无穷的。2004年，长江文艺出版社出版的《狼图腾》被称为"旷世奇书"，讲述的是关于草原上的狼群的故事。狼是一种群居性极高的物种，团队作战能力非常强。俗话说得好：一根筷子容易折，十根筷子坚如铁。狼群严密有序的集体组织和高效的团队协作，使得它们在捕杀猎物时总能无往不胜。独狼并不强大，但当狼以群体力量出现在攻击目标之前，却表现出强大的攻击力。没有哪一种哺乳动物能比狼对它的家庭、团体或社会组织倾注更多的热情。狼群的成员们共同猎食以确保集体的存活，狼生存的目的就是要确保狼群的生存。一只狼是无法生存下去的，而一群狼的力量足以战胜一头狮子，即使对上一群狮子也可以一战。狼这种动物是非常团结的群居动物，而且每匹狼的骨子里都流淌着为同胞拼杀、报仇的血液；狮子虽然块头大，但是狮群内部的矛盾时常发生，新任的狮群领袖公狮子会把前任公狮子的后代小狮子咬死，而狼则会代为看护。

狼由于懂得协作而成为草原霸主，人如果不懂得团队协作将注定陷入失败。从前有两个非常饥饿的人，有一天他们遇见一位智者，智者分别赐给他们一筐新鲜的鱼和一根钓鱼竿。两个人非常高兴地带走了属于各自的东西，然后分道扬镳。得到一筐鱼的人连忙找了块儿空地，支起一口锅，做了一锅鲜美的鱼汤。接下来的一个月里，这个人渐渐吃完了智者赠给他的鱼，于是他又变得饥饿起来，最终还是饿死了。而另一个人拿着钓鱼竿拼命朝着海边奔跑，还没跑到海边的时候这个人已经体力不支，饿死在钓鱼的路上。不久之后，又有一对同样饥饿的年轻人走到智者身边，智者还是同样赐给了他们一筐鱼和一只钓鱼竿。与之前的两个年轻人不同，这对年轻人并没有选择分道扬镳，而是选择了团队合作的模式。他们一直朝着海边走，饿了就吃那筐鱼，等到鱼吃光了的时候他们已经来到了海边。于是他们用那根钓鱼竿获得了新鲜的鱼，得以存活下来。

之前那两个人就是由于不懂得团队协作而丢失了性命，而后这两个人却非常智慧，这告诉我们要懂得团队协作。就像《西游记》里面的5个人，单独而言他们都是不完美的，然而组合在一起的时候他们就是一支强大的团队。请记住，没有完美的个人，只有完美的团队！虽然"西游团队"几次三番遭遇挫折，中途孙悟空三次出走，但最终他们还是携手完成了取经任务，也体会到了"真经"的含义。西游团队中的4个人的性格也得到了磨砺，得到了各自的圆满。看过2006年度全美最受欢迎的电视剧《越狱》的同学应该会对其中的"越狱"团队记忆犹新，一群包含杀人犯、FBI、狱警、工程师、抢劫犯、精神病人等三教九流的团队，在共同实施越狱和抗衡抓捕的过程中彼此充分配合、非常默契。如果这支"越狱团队"在最开始就放不下自己的利益纠葛，他们根本不可能三次越狱成功。团队协作的重要性可见一斑，那么我们要想获得一只高效率的团队的话，该怎样团队协作呢？

首先，建立信任。缺少信任的团队是一盘散沙，经不起任何波澜，根本就不能称之为团队。大家还记得电影《人再囧途之泰囧》中的"泰国传奇"组合吗？徐峥饰演的徐朗和王宝强饰演的宝宝在最初组建团队的时候由于彼此之间还存在着保留，虽然宝宝对徐朗十分信任，但徐朗并不把宝宝当作自己的队友。他们在完成旅行任务的过程中，接二连三地遭遇挫折。等到后来，彼此终于坦诚相待，才一步步实现了大家的梦想。学会团队协作，先要学会信任你的团队、你的队友，就像打仗的时候，你可以放心地把自己的后背交给你的战友。

其次，要善于交流。牙齿有时候还会咬到舌头，团队中不可能不出现摩擦。千里之堤毁于蚁穴，如果不及时消除误会，矛盾只会越来越多，最终导致团队的瓦解。就连孔圣人都曾不相信自己最信任的学生：孔子带领着自己的儒家团队，一路逃到陈国和蔡国之间的地方，7天都没有饭吃，简直像丧家之犬。为了保存体力，孔子一直躺在床上睡觉，他的学生颜回跑出去找吃的。等孔子睡醒了起床经过厨房的时候看见颜回从锅里面抓饭吃，心里十分生气。等颜回拿饭给孔子吃的时候，孔子说自己做了一个梦，要找点干净的食物祭祀祖先，颜回连忙说不可以，之前开锅的时候灰尘掉到饭里去了，想着丢掉又不好，于是把有灰尘的饭吃下去了。孔子于是十分感叹，差一点就误会颜回了。由此可见，团队之间有矛盾要及时交流，否则会造成不必要的伤害。

　　再次，要谦虚谨慎。谦虚使人进步，骄傲使人落后。"取经团队"中，最开始，孙悟空由于本领高强，十分看不起其他成员，导致队伍里经常出现摩擦，取经之路十分不顺。孙悟空虽然法力高强，但是在水中却是弱项。后来孙悟空学会了谦虚谨慎，碰到妖怪后懂得分析敌我形势，遇到水中的妖怪就求助于猪八戒、沙和尚等，最终完成了团队任务。

　　最后，坚定不移的行动。团队的所有决策最终都要落实到行动上，而坚定不移的行动是保证团队活动取得成功的保障。美国作家艾尔伯特·哈伯德写过这样一本书叫作《致加西亚的一封信》。书中主要讲述了美西战争中，罗文中尉突然接到一个艰巨的任务——把信送给古巴将军加西亚。他没有丝毫犹豫，也没有询问任何问题，在环境恶劣的情况下，冒着生命危险，完成了送信任务的故事。文中罗文中尉作为一名军人忠诚、敬业、服从命令的高尚品质赢得了所有人的赞誉。

# 改变不了环境，就改变自己

　　伊斯兰教"圣经"的《古兰经》上记载着这样一个非常有意思的故事：先祖穆罕默德，带领着他的门徒到山谷里讲道。穆罕默德说："信心是成就任何事物的关键。人只要有信心，便没有不能成功的计划。"一位门徒不服气，对穆罕默德说："你有信心，你能让那座山过来，让我们站在山顶吗？"穆罕默德满怀信心地把头一点，随即对着山大喊一声："山，你过来！"他的喊声在山谷里回荡。大家都聚精会神地望着那座山，期待着尊师的喊声灵验，结果山却不为所动。穆罕默德说："既然山不过来，那我们就过去吧！"于是他们开始爬山，经过一番努力，终于站到了山顶。

　　好一句"山不过来，我就过去"，好一句至理名言，一语道

破了生存的玄机：当我们改变不了自己所生存的环境的时候，我们就要改变自己。

近来甘肃地震，全国人民的视线再一次聚焦于地震抢险救援上。面对地震这种无法改变的天灾，我们该做出怎样的改变呢？首先你要知道，我国的青海、西藏、新疆、甘肃、宁夏、四川、云南地区位于板块交接碰撞地带，属于青藏高原地震区，地震、泥石流等灾害频发，接下来才能根据这些情况做好防范。像我们的邻国日本，整个国土都处于版块消亡边界，地震火山是常有的事，位于本州岛的富士山还是一座休眠火山。然而我们却很少听到日本地震之后有很多人员伤亡，财产损失也非常少。因为他们知道自己生存在一个怎样的环境，他们改变不了环境，只能改变自己。于是，他们用材质较轻且仿真效果好的建筑材料来搭建房屋，这样一来，即使房屋因为地震而倒塌，也不至于把人砸死。另外，在孩子很小的时候就教给他们灾难应急措施，使他们不至于在地震发生时手忙脚乱。

三江源水系众多，自西向东，绵延数千里，北面的黄河，中段的长江，南面的雅鲁藏布江。三江源的水能够从三江源抵达北太平洋、印度洋，这一路并不平坦，首先必须穿过高大的喜马拉雅山这一巨大阻碍。"仁者乐山，智者乐水"，智者喜欢水的原因就在于水的智慧。三江源的水系没有选择"滴水穿石"的方式，而是改变自己，绕过去。

改变自己，是为了更好地生存。

熊猫以其憨态可掬的形象为全世界人民所喜爱，并且经常代表我国作为友好使者出使外国。熊猫数量极其稀少，以至于只好作为一级国宝来保护起来，才能使这一物种免遭灭绝。然而作为与熊猫一个科系的物种——狗熊却能够广泛地繁殖，不至于有灭绝的危险。造成这种差异的原因是什么？经过生物学家的调查，得出的结论是：熊猫不善于改变自己，而狗熊则善于改变自己。与熊猫最初诞生的环境相比，如今的环境已经有了很大的改变，然而熊猫固守成规，坚持只吃比较鲜嫩的竹子别的都不吃，以致于食物来源越来越少，生存也越来越困难，最后只能人工喂养。而狗熊则改变了以前的饮食习惯，不专注于某一种食物，变成一个杂食动物，食物来源有了充足的保障，与熊猫相比生活得无比潇洒。

　　所谓江山易改禀性难移，改变并不是件容易的事，但改变不是一件不可能的事。为什么我们不愿意改变，是因为受的痛苦还不够。一个苦者对和尚说："我放不下一些事，放不下一些人。"和尚说："没有什么东西是放不下的。"他说："可我就偏偏放不下。"和尚让他拿着一个茶杯，然后就往里面倒热水，一直倒到水溢出来。苦者被烫得受不了，马上松开了手。和尚说："这个世界上没有什么事是放不下的，痛了，你自然就会放下。"

　　三国时期吴国大将吕蒙，是个只喜欢舞刀弄枪的人。有一回孙权对他说应该学习一点文化知识，他反驳说自己很忙。孙权非

常生气地对他说：我难道让你去当博士吗？我每天这么忙还坚持读书。吕蒙自此开始改变以往的看法，开始看自己原本不感兴趣的书。等到鲁肃路过来拜访吕蒙的时候，惊讶地发现"士别三日当刮目相待"。

当你痛苦的时候请记住：人生应当有水的智慧，改变不了社会，就改变自己！

# 物竞天择，适者生存

　　前一节中提到了熊猫和狗熊对于环境改变后的不同表现，综合起来，狗熊胜了熊猫一筹。这里再介绍一个适应环境能力达到巅峰的至尊强者——蟑螂。

　　蟑螂在地球上已经生活了3亿多年了，随着人类科学技术的进步，蟑螂药越来越强大，蟑螂也坚持着与时俱进，耐药性越来越强。蟑螂这种生物不论是用毒、用水、用药都难以去除，甚至用放射性物质它也能存活好长一段时间。据英国《镜报》报道，蟑螂的再生能力非常强，即使被斩首也还能够存活9天。据说杀死蟑螂最简单有效的方法就是一锤子将它直接砸成肉饼，但似乎这样会使蟑螂体内的大量病菌病毒到处扩散。可以说蟑螂适应性的增强完全是拜人类所赐！终于，人类在一次又一次的人虫大战中

失败了，蟑螂一次又一次地胜利了，最终获得了"打不死的小强"这一光荣的称号！

这两天在QQ上看见同学传授了一个捕捉蟑螂的好办法：只需要一个瓶子和一个一头大一头小的纸筒，大头朝外小头朝内塞在瓶口放在地上，过一晚再看看捉了多少只蟑螂。这一装置利用蟑螂喜爱钻洞的特性，好像跟黄鳝笼子是一个原理，还配了图片，我数了数，一晚上他抓了6只。我突然想到把瓶盖盖上，看看没有空气没有食物它还能活几天！

老妈之前说家里有蟑螂，让我想想办法，我直接去超市买了瓶杀虫剂递给老妈就出门了。等回到家的时候老妈十分兴奋地告诉我，在墙角四周喷了些，立刻有成群结队的蟑螂蜂拥而出，拖儿带女，直奔门外走廊。隔壁的邻居正在打扫卫生，突然目睹这一奇异现象，惊慌失措地指着成群结队的小强，用着标准的武汉腔说道："好多蟑螂啊，蟑螂也怕热，都爬到外面来了！"

经过一个又一个人的传递，这句话逐渐传成：武汉太热了，连蟑螂都要搬家了！当我听到另外两户邻居这样说的时候，忍不住笑到内伤。怎么听都像是"武汉太热了，连非洲兄弟都回去避暑了"的翻版。

"冷也好，热也好，活着就好。"武汉作家池莉曾这样说道。宿舍里有一段时间非常流行养仙人球，一个月后，我捧着枯死的仙人球欲哭无泪，与蟑螂要不断地进化以求得生存相比，我们又何尝不是在拼命地适应这个社会：最酷热的夏天，最变态无常的气候，最激烈的学习竞争环境，最霸气的武汉公交……

天气预报说第二天温度最高达到46摄氏度，大家做好防晒降温工作。得，不用烧水洗澡了，拧开水龙头，现成的！还记得最初来到武汉，没有空调，满头痱子。后来见到同学，据她描述说我已经只剩下两只眼睛眨巴着才能够辨认出来。炎热的天气也激发了武汉学子的创作热情，试欣赏华中科技大学学生所做的《江城子·盼寝室装空调》：

华科学子耐热强，电风扇，绿豆汤。东九湖畔，无处觅清凉。纵使心静暑难降，寝室楼，桑拿房。辗转反侧梦难香，汗沾裳，床板烫，欲哭无泪，唯有汗千行。料得今年夏日时，装空调，李校长。

世界上最遥远的距离不是生与死，而是你还在公交车门口堵着进不来，我已经坐在靠窗的位置看着你挤不进来。F1赛车手不一定能开好武汉公交车，但是武汉公交司机到F1肯定所向披靡。在武汉，每一次坐公交都像是在打仗。武汉的公交车司机霸气，作为武汉市民又怎么能不去适应这种环境。"公交来了！"

随着一声尖叫，人群涌动，30人的承载量装上100人实在不算什么新鲜事。什么叫立锥之地，来坐武汉公交你就知道。

不管生活在哪里，物竞天择，适者生存这个道理是不变的，我们要做的就是成为这打不死的小强！学会适应一个新的环境，必须做到以下几点：

首先，调整好心态。这一生要走很多的路，每一段路都有不同的人陪你同行，分别是为了更好的相聚。进入一个新的集体，最开始的不适应是正常的，关键是要改变怀旧的心态，积极融入新的环境。多参加集体活动，一个人的参与度越高，融入集体的程度就越高。

其次，多与同学和老师交往。子曰：三人行必有我师，择其善者而从之，其不善者而改之。中学阶段是人的性格形成时期，我们在与同学的交往过程中学会谦让、学会关心他人、学会体谅他人。良好的师生关系对一个人适应新的环境，培养良好的心理素质起到非常关键的作用。俗话说：读万卷书不如行万里路，行万里路不如阅人无数，阅人无数不如名师指路。良好的师生关系能够激发一个学生对课程的喜爱，进而学好功课。

第三，改变以往的学习方法。每个阶段的学习都是不同的，如果用同一种学习方式来应对新的学习环境肯定是会碰壁的，这样会对中学生的自信心产生极大的动摇。随着学科的增多，学习任务的增加，你要学着去尝试更高效的学习方法，多向老师和同学请教。

最后，用新的标准来规范自己。你所进入的层次会越来越高，用过去的标准来规范自己显然不合适了。要想真正了解和融入一个新的环境，就用新环境的标准来规范自己，增强自己的归属感，培养自己的独立人格。

 # 回避是一种艺术，也是一种本事

　　不同于适应、改变、放弃，回避是一种更困难的事情，我们之所以会回避，是因为我们关心别人的感受。世界上有太多学校，每个学校里都开设有五花八门的课程，可是从来没有哪一门课程是教学生学习如何以一种比较艺术的方式来回避自己解决不了的事情。

　　回避不是逃避、不是怯懦、不是无能，回避是一种艺术，也是一种本事。

　　回避不同于糊涂，懂得回避的人自始至终都是清醒的。

　　近年来社会上掀起一股研究和珅的热潮，许多人想了解为什么大贪官和珅能够贪到富可敌国却不被乾隆察觉。其实，弘历怎么会没有察觉和珅的贪赃枉法，只不过为君之道讲究制衡，但凡

能够为皇帝死心塌地办事的人，而且效率又极高，还会揣摩上意的人，乾隆多多少少会用一种回避的艺术来包容，所以乾隆至死都没有杀掉和珅。懂得回避的人是极有本事的人，弘历如果驾驭不了和珅，恐怕早就下旨彻查了。

历史上的皇帝，除了乾隆，唐代宗回避的本事也丝毫不弱。著名的"醉打金枝"，打的就是唐代宗最喜爱的女儿升平公主。据说升平公主嫁到郭家仍然不改公主姿态，对公婆也不是那么敬重，小夫妻经常吵架。有一天，驸马郭暧终于忍不住打了公主妻子一个耳光，并大骂："汝倚乃父为天子邪？我父嫌天子不作！"意思是，你不就是仗着你爹是皇帝嘛，我爹还不想当皇帝呢！公主感到受了莫大的委屈，立马跑回娘家，也就是皇宫，向她老爹唐代宗哭诉。按理说郭家这样一句大逆不道的话会被满门抄斩，皇帝是完全可以借机大发雷霆，然后痛揍驸马那小子一顿的，但是唐代宗这个皇帝却没有这样做，反倒是安慰自己的女儿说确实是这样的。郭子仪知道这件事后，连忙把自己的宝贝儿子捆起来向唐代宗请罪，唐代宗说："不痴不聋，不做阿家阿翁。"老郭于是打了小郭10板子。唐代宗运用回避的艺术，避免了一场可能导致君臣猜疑的家庭风波。

以上说的是懂得回避的艺术能够家和万事兴、国运昌盛，现在再来谈谈不懂得回避的艺术所造成的无法挽回的个人祸福、国破家亡。

春秋时期，郑穆公的女儿嫁给了陈定公的孙子夏御叔称为夏姬，婚后不到9个月生下儿子夏南。夏姬为人风流不羁，在丈夫死后（是她间接杀死的），与陈国国君灵公、大臣孔宁和仪行父均有有伤风化的行为，而且这三个奸夫还丝毫不避讳夏姬的儿子夏南。有一日，陈国国君灵公在夏姬家里饮酒，当时他嘲弄孔宁、仪行父两大夫说："夏南像你俩。"而两大夫也不客气地回敬说："也像您。"不言而喻，其意是指三人均和夏南的母亲"有染"。此时夏南已经长大成人了，这三个没事找事的人自然是遭殃了，陈灵公当场被夏南用箭射死。

不懂得回避艺术的人是可怕的，更是愚蠢的。类似陈灵公这种说话不懂得回避的还有我们熟知的三国人物，结果是相同的惨烈。

三国时期，蜀国与吴国相对弱小，要想维持三足鼎立之势，蜀国与吴国必须联合。东吴孙权想加强孙刘联盟，愿和关羽结成儿女亲家，派使者为儿子求婚。这本是一件极其正确的决断，但关羽这个二愣子却出言不逊，完全不懂得国事和家事的联系，声称"虎女"焉能嫁"犬子"，意指孙权是狗。孙权地位跟刘备相当，关羽一句话彻底导致孙刘联盟破坏。东吴上下怒了，派吕蒙擒拿了关羽并直接砍掉了脑袋，荆州也丢了。此外，张飞和刘备为了桃园三结义之情，相继为他报仇又相继身亡，蜀国国力受到严重削弱。

除了蜀吴，魏国也有一个不知收敛回避的人，被曹操称为鸡肋的杨修。常言道：文章是自己的好！曹操对自己的文采谋略非常自负，而杨修此人是一个非常善于揣摩曹操心思的人。这本来是件好事，然而杨修却不懂得回避，在曹操面前三番两次地显现出自己的才智：有一次，曹操在门上写了一个"活"字，杨修便立即悟出这是"阔"意，就主动让人将门改建。本来曹操还挺欣赏杨修的，可是又发生了一件事：曹操作为魏国老大，底下常有人进贡来孝敬他，有一回别人送了曹操最爱吃的酥，曹操一时没舍得吃，在盒子上写了三个字"一合酥"就放在桌子上出去了。杨修这家伙毫不回避，大刺刺地与众人分食吃尽了，慷他人之慨。曹操回来看见酥没了，非常生气，一问是杨修，谁知杨修丝毫不知悔改地说曹操写的是"一人一口酥"。言下之意是他奉命行事，没有过错。顺便说一句，古时候的字是竖着写的，看起来确实有点像杨修说的那么回事儿。曹操身为Boss自然不好当场发作，明面儿上笑呵呵地赞扬了杨修聪明，显得非常大度，实际上换位思考就可以体会到曹操简直恨他恨到牙痒痒。然而这些还是不足以让曹操撕破脸皮来灭了杨修，当然，最终杨修还是死在自己的不知回避上。

《三国演义》第七十二回记载，诸葛亮智取了汉中，曹操退兵在斜谷中，正进退两难的时候厨房里端来了一碗鸡汤。曹操吃完了鸡肉、喝着鸡汤、啃着鸡肋，心里还在想着打仗的事儿。正考虑着，大将夏侯惇进到曹操的帐篷里来了，询问今夜用什么口令。曹操随口就来了句："鸡肋！鸡肋！"于是夏侯敦传令的口令统称"鸡肋"。身为文秘的杨修，一听见传"鸡肋"二字便揣摩到了Boss的心思，于是让手底下的小兵赶紧收拾打包，准备回去了。夏侯惇知道了这事儿后连忙询问杨修怎么回事，杨修十分淡定地说：鸡肋者，食之无肉，弃之可惜。曹操以鸡肋为口令，明摆着要退兵嘛！我估摸着这两天就得退兵，怕到时候时间很赶，所以让他们现在收拾。身为同事的夏侯惇很感激杨修告诉自己这个秘密，只是转眼曹操询问的时候夏侯惇就把事情原原本本地说出来了。曹操这叫一个生气啊，杨修彻底挑战了他的底线，搞得手下的都认为杨修聪明，他曹操今后还有什么威风可言？于是曹操一不做二不休，以扰乱军心为由把杨修给砍了，第二天却退兵了。平心而论，杨修死得确实有点冤，可是谁让他不懂得回避的艺术呢！

学会回避是一种本事，可以让你在现实生活中避免很多烦心事。哲学上说：矛盾是普遍存在的，时时有矛盾，事事有矛盾。当你与家长、同学、老师等之间产生不协调的时候，学会换位思考，用回避的艺术展现出自己的智慧与美德。有人追你，你不好直接拒绝怕伤害了别人的感情，就要学会恰当地回避；当老妈以关心为由想要窥视你的日记的时候，直接拒绝有伤亲情，学会合理回避就可以不伤害老妈的感情又能维护你的秘密；当老师向你打听同学们之间的感情发展问题时，学会回避并转移话题可以捍卫你的友情又不损伤与老师的感情。

# 放弃是一种胸怀，也是一种智慧

佛曰：舍得舍得，有舍才有得。我们赞颂锲而不舍的毅力，但有时候，放弃是一种胸怀，也是一种智慧。

2008年5月18日，央视举办的抗灾募捐晚会，共筹集资金15亿元，其中罐装饮料王老吉募捐一亿，成为国内单笔捐款数额最大的一笔。有细心的网友观察发现，我国的房地产商诸如万科集团，单笔捐赠金额也不过2000万。一个卖饮料的企业，要卖出多少瓶饮料才能赚回这一亿元人民币？而中国最挣钱的房地产业随便卖一栋楼恐怕就够捐好几次的了。两者对比，王老吉放弃了一亿，显得尤为珍贵，自此，全国自发掀起一场"凉茶只喝王老吉"的呼声，王老吉收获了全国13亿民心。

同年6月27日，全球富豪排行榜第二位的微软执行董事长比尔·盖茨卸任，他宣布他和妻子梅琳达共同决定：退休后把580亿美元的个人财富全数捐赠给以他们俩名字命名的"比尔及梅琳达基金会"，分文不留给子女。此话一出立刻引起全世界哗然。坐拥微软帝国的比尔·盖茨简直富可敌国，却说不要就不要这些财富了。有人大骂比尔·盖茨是个傻帽，财富是个好东西，他竟然弃之如粪土；有人说比尔·盖茨太狠心了，居然不给子女留后路，简直枉为人父；还有一部分人则极力赞赏这种做法，社会上就是需要这种懂得回报社会的人。比尔·盖茨说，如果孩子有能力，根本就不需要他留下财富；如果孩子没有能力，他留下来的财富迟早会被败光，没有什么意义。不得不说比尔·盖茨是一个非常有智慧和远见的人，留给孩子财富还不如教会他们做人的道理。在他放弃了个人巨额财富的举动之后，整个社会对于财富的观念也跟着改变。

可能有人说，我不是富可敌国的比尔·盖茨，也不是王老吉饮料的老总，我没有那样多的财富可以捐赠，那么放弃对于我是不是没有什么用处？其实，放弃是一种人生态度，与财富无关、与地位无关、与声明无关，所谓大丈夫拿得起放得下，放弃体现的是一个人的胸怀。先贤孟子曰：鱼，我所欲也；熊掌，亦我所欲也，二者不可得兼。所谓放弃，是一种顿悟后的选择。

有这样一个发生在印度的故事：一辆飞速行驶的列车上，有一位老人左脚上穿的新鞋不慎从窗口掉下去了，周围的旅客无不为之惋惜，然而让乘客们更想不到的事发生了，老人快速地把右脚那只也扔了下去。正当人们疑惑不解的时候，老人坦然一笑："已经丢了一只鞋，剩下一只鞋对我来说已经没有用处了，还不如把它扔下去，火车没有行驶得太远，说不定有人能够捡到一双鞋子呢！"乘客们无不显现出钦佩的神色。

放弃是一种豁达的人生态度，更是一种超凡的处世智慧。学会放弃，才会得到更多。有时候我们以为不能放弃的，恰恰需要大胆地放弃。有时候我们以为不能放弃的时刻，或许正是应该松手的绝妙时刻。

从前有一个非常虔诚的信奉佛祖的人，他相信不管发生什么事情，只要诚心向佛祖求救，就能得到救助。有一天他外出办事到很晚，夜里走山路不小心滑下了悬崖峭壁。在下坠的过程中，这个人出于本能地在空中乱抓，结果正好抓住了一截枯枝，身体停止了下落，他顾不得额上的冷汗，长吁一口气，还好，总算暂时保住了一条命。他试图大声呼救，可周围连个人影也没有。随着力气的耗尽，他快要支撑不住了。这个时候他头脑灵光一现，"佛祖，你救救我吧！"他虔诚地许愿。这个时候佛祖从黑暗中走来，对他说："你相信我能救你吗？""我相信，您一定能够救我！""那么，你就放弃吧！""放弃？不抓住这根树枝我一定会死的，我不能放弃！""你不是相信我能救你吗？""我是相信你，但这个方法根本不行，我肯定会掉入万丈悬崖的！"于是，这个人更坚定地抓住了手中的枯枝，佛祖叹息一声然后离去。第二天人们发现，在距离地面不到一米的距离，悬挂着一个

断了气的男子，那个男子的手还紧紧地缠绕枯枝，路人无不感到惊奇。如果那个人能够早早放弃，他就会活下来，他坚持不放弃反而断送了自己的生命。

唐代窦臮在《述书赋下》中写道："君子弃瑕以拔才，壮士断腕以全质。"意思是说君子要舍弃自身的瑕疵才能提升自己的才华，当一个人的手腕被毒蛇咬过之后，这个人要有当机立断并挥刀砍断手腕的气概，弃车保帅，这样才能保全性命。一个人如果不懂得放弃，没有舍鱼而取熊掌的智慧，就注定难逃失败的结果，纵观历史长河，无数事例莫不说明这个道理。

历史记载，范蠡在帮助越王勾践破吴国之后挂冠而去，携西施避世，走之前对同僚文种说，"越王为人长颈鸟喙，可与共患难，不可与共乐"，劝他跟自己一起走。文种认为自己对于越王勾践而言功不可没，当年退居会稽山时对勾践情深意重，自己又在最困难的时候替他看管了三年国家，如今好不容易复国成功，美好的日子才刚刚开始。不说勾践会对自己感恩戴德，再怎么着也不会为难自己。文种舍不得放弃眼前的荣华富贵，没有听从范蠡的建议，最终果然被勾践找了个借口杀掉了。范蠡准确地预见了这个结果，所以放弃了文种眼里所谓的荣华富贵，急流勇退，潇洒于江湖，自此成为一代富贾陶朱公。如果范蠡舍不得放弃荣华富贵，他未必不会有飞鸟尽，良弓藏，狡兔死，走狗烹的可悲下场。

生，我所欲也；义，我所欲也，二者不可得兼，舍生而取义者也。孟子告诉我们，当生命与道义发生冲撞的时候，我们应当义无反顾地选择道义。

智者说：两弊相衡取其轻，两利相权取其重。人生就是要不断地选择，而每一个选择都要求我们放弃某些东西。学会放弃会让人变得睿智、从容、淡然。一只飞鸟，只有放弃笼子里精致食物，才能得到天高任鸟飞的自由自在；一尾游鱼，只有放弃水塘里安逸的生存环境，才能得到海阔凭鱼跃的波澜壮阔；一头幼虎，只有放弃母亲的哺乳独自去捕食，才能成为威风凛凛的百兽之王。

人生不是漂浮于太空的卫星，可以坐地日行八万里；人生亦不是顺风的航船，轻轻松松远渡重洋。人生是一场艰苦的修行，放弃是一种灵性的觉悟，放弃原本错误的，才能得到进步；放弃束缚自己的心灵，才能感受到与人交流畅谈的乐趣；放弃矫揉造作的虚伪，才能获得真挚的友谊；放弃浅薄轻浮的举止，才能得到别人的尊重；放弃毫无意义的牢骚，才能学会韬光养晦。

诗人汪国真曾写下过这样的诗句：既然选择了远方，那就风雨兼程。作为中学生，既然选择了孤独的求学生涯，那么就放弃浮躁的心灵；既然选择了不辜负父母的期望，那就暂时放弃眼前的玩乐。

你什么时候真正地学会了放弃，你就成熟了。

# 搜集信息的能力

"我身在炼狱留下这份记录，只希望家人和玉姐能原谅我此刻的决定，但我坚信你们终会明白我的心情。我亲爱的人，我对你们如此无情，只因民族已到存亡之际，我辈只能奋不顾身，挽救于万一。我的肉体即将陨灭，灵魂却将与你们同在。敌人不会了解，老鬼老枪不是个人，而是一种精神，一种信仰！"

当周迅饰演的中共女地下党员顾晓梦绣在同伴李宁玉旗袍上的摩斯电码终于公之于世的时候，电影《风声》已经接近尾声了。如火如荼的抗日战争在我党一大批不惜用生命来搜集和传递敌人信息的优秀共产党员的努力下避免了很多可能造成巨大损失的决策，也为抗战的胜利奠定了基础。就像你看过的许多谍战片一样，能够准确地获取信息对战争的发展有时候起到了决定性的

影响，而一个错误的信息有时候会导致千军万马的覆灭。

　　《三国演义》中记载了一个关于错误信息导致战争惨败的故事：公元207年，刘备被曹操追杀，一路上疲于奔命，最终渡过沔水，来到夏口。刘备派诸葛亮代表蜀国与孙权结盟，经过一番舌战群儒，诸葛亮不辱使命，成功地说服了东吴群臣，实现了联合吴国抗击曹操的目的。然而虽然有长江作为天险，人家曹操的80万军队也不是吃素的，一番恶战下来蜀吴盟军也吃不消。诸葛亮同周瑜一合计，决定用火攻。诸葛亮草船借箭通过了周瑜的刁难，却让曹操心里不痛快，平白损失了10万支箭。曹操气不过，于是派蔡和去东吴假意投降，结果被洞若观火的周瑜看破了。周瑜也不傻，当即决定将计就计，先后使了一招"苦肉计"和"反间计"。黄盖挨了50军棍，假意投靠曹操。蔡和的情报搜集工作做得不到位，于是报告给了曹操假的信息，曹操信以为真，接纳了黄盖。曹操正为魏军晕船的事儿发愁，黄盖赶紧献了一计，曹操听从他的话把所有大船首尾相连，这样一来为火攻做好了准备。后来曹操果然上当了，悔之晚矣。赤壁之战以及后来诸葛亮与周瑜捕杀曹操的计划导致曹操的80万军队几乎全部折损了，究其原因，蔡和是罪魁祸首，如果他当时准确地搜集到了黄盖"苦肉计"这一信息，也不至于让曹操的决策产生严重的失误。可见信息搜集工作十分重要啊！

　　冷兵器时代的信息搜集工作尚且如此重要，更何况21世纪信息时代。2006年2月28日，一个网名叫做"碎玻璃渣子"的人在网上公布了一组虐猫视频截图，顿时引起整个网络界的公愤，网民们发誓要把视频中的虐猫女子抓出来。这个时候，搜集信息的能力直接决定了这件事情成功与否。一张张"宇宙通缉令"贴到了各个网站，通过强大的人肉搜索，网友"我不是沙漠天使"在猫扑上发帖："这个女人是在黑龙江的一个小城……"事情得到了关键性的突破。3月4日中午12点，网民们基本确定了三个虐猫嫌疑人，距离"碎玻璃渣子"在网上贴虐猫组图不过6天的时间，网民超强的信息搜索能力不亚于警方的办案速度。

搜集信息的能力直接决定了我们的办事效率：搜索信息能力越强，在单位时间里就能获得更多有价值的东西；而搜索能力弱的人就会比较吃亏。随着科技的进步，东西方国家的差距会越来越大，造成这种结果的原因就在于科技不发达的国家在有限的时间里获得有用的知识的能力比较差。一个人要想成为一个有潜力的人，那么他的信息搜集能力就必须强大。就像诸葛亮，在未成为蜀国军师以前，却能知道天下大事。如果他没有强大的信息搜集能力，即使魏蜀吴三国首脑一起来求他出山，他也不会出山，因为他根本不知道三国形势，又如何指挥千军万马！

搜集信息的能力如此重要，我们又该如何培养自己的搜集信息的能力呢？首先，培养自己搜集信息的能力之前必须要记住搜集信息的三点原则：

准确性。信息如果不准确，比没有信息更严重。上文已经说到了赤壁之战中曹操失利的原因就在于情报不准确。现实生活中，如果我们搜集的信息不准确的话会非常麻烦：读书期间经常要办各种证件，身份证、准考证、户口本、档案等等，如果你搜集的信息不准确，在参加高考之前一直没有发现这些信息不一致，你觉得你可以进考场吗？经过十年寒窗苦读，等到高考填报志愿的时候，如果你搜集的信息不准确，你觉得你与自己理想的大学失之交臂的可能性小吗？你在淘宝上购物，看见一款非常喜欢的手机，由于信息搜集不准确，你用行货的价格买了一款山寨的，你使用的时候会开心吗？记住，信息不准确比没有信息更严重，搜集信息的时候一定要注意准确性。

全面性。这要求我们在搜索信息的时候一定要广泛、全面、完整，这样才能为科学的决策提供保障。只知其一不知其二，通常会犯错误。电影《木乃伊3》中就出现了很多非常明显的错误：片中，秦始皇兵马俑复活了，实际上导演是错误地把中国古代陶泥制作而成的秦俑当作了埃及的真人木乃伊；《木乃伊3》中的龙帝陵不在西安，而在喜马拉雅山，实际上中国没有一位皇帝埋在喜马拉雅山；电影里面还出现了一条三头龙怪兽，那明显是西方式的龙，而不是中国龙。整部电影竭尽所能地往中国历史上靠，可实际上导演对中国历史只是一知半解。

时效性。信息的价值通常体现在它的时效性上，如果不能及时得到需要的信息，那么信息将失去效果。就像下棋，旁观的人如果是在棋局结束后才指出某一方下棋失误就会被人说是"马后炮"；信息的时效性在新闻领域尤为明显，当天新闻当天播，那才是新闻，第二天就是"旧闻"了；好朋友知道你喜欢陈奕迅，连忙通知你说17号刚好有个演唱会，可是今天已经18号了，你觉得这个信息还有用吗？

在掌握了搜集信息的原则之后就可以开始信息搜集了，可是我们要通过哪些方式才能培养自己搜集信息的能力呢？

第一，阅读书籍报纸杂志等。一般来说，纸质媒体上的信息一般比较权威，其真实性最有保障。平时养成摘录的习惯，把对自己有用的信息记录在本子上，日积月累会成为一本非常专业、全面、可信的资料。曾经有这么一则新闻，说的是美国一个普通的男子，由于对美国军事方面的新闻特别感兴趣，于是平日里特别留心报纸杂志上面关于美军最新武器以及军事部署等方面的新闻信息，每每看见涉及这方面的新闻他就会摘录或者剪贴到自己的小本子上，10年过去了，他竟然积累了厚厚一箱子。他把这些收集到的信息整理写成了一本关于美军近10年武器研究成果及美军在全世界的军事力量分布的文章。这篇文章写得甚至比美国高层知道的还详细、全面、准确，一经发表后立即引起美国高层注意并出动军事力量将其逮捕，怀疑他是外国间谍。男子哭笑不得，坦白说是自己平日里的积累，经检查果不其然。

第二，通过广播、电视等。我们平日里在学校是按照科目分类学习的，而日常生活中通常是综合起来的。电视广播里的节目能够更生动地传授给我们知识，例如《动物世界》《探索揭秘》《发现》等节目，能够让我们了解生物、化学、历史、自然等多

门学科，并且是综合在一起呈现的。

第三，借助网络技术。运用搜索引擎和关键字的方式，把想要的信息检索出来。在前面的"人肉搜索"的例子中，我们可以窥见网络的一部分强大能力，用网络来搜索信息的最大好处是全面、及时，而它最大的弊端是可信度不够强，而且信息海量，不容易取舍。这就需要我们在借助网络的同时学会合理地运用网络搜索的优势，尽量避免网络搜索的弊端。网络流传"内事问百度，外事问Google"的说法，说的是这两个搜索引擎各自所擅长的领域不同。我们要学会选择和甄别，尽量选择各种官方网站。

第四，利用人际交往。子曰：三人行必有我师焉！信息时代虽然强大，但有时个人的能力还是有限的，有些信息一时间又查不到，这个时候可以向父母、老师、同学询问。人际间的互通有无在网络不发达以前是最常用的方式，包括现在买东西一般会听已买过人的建议。事实上，网络中的"人肉搜索"也是建立在人际交流之上的，只不过它的范围更广阔。

第五，在实践中观察。一切信息都是在实践中产生的，央视信息之所以权威就在于央视记者贴近基层老百姓，听取最真实的声音。化学课上，老师告诉你金属钠在氧气中燃烧会散发出明亮的光芒等化学现象，可是如果你不实践操作，根本不知道这些现象具体是什么样子的，在实践中才能得到最准确的信息。

# 分析信息的能力

　　"尽管在全球很多国家的高级酒店做过总厨，梁子庚完成了对中西方烹饪的化学式理解，但骨子里，他还是最中意食物本来的料理方式。今天他要和老友搭档做杭州菜——西湖醋鱼，这是一道对火候要求非常高的菜。他们将一条鱼剖开两半，一半汆水，一半过油。两种做法都需要在恰当的时机将鱼下锅和出锅，否则会直接影响到西湖醋鱼特殊的鲜嫩口感。出锅后，两种做法的鱼在同一个盘子中合璧，浇上炒好的糖醋，美味看上去就已经呼之欲出……"

　　2012年5月14日，纪录片《舌尖上的中国》在CCTV-1《魅力纪录》栏目开播，大有一种席卷天下之势，波及范围不只是华人圈，更包括所有热爱中国美食的地球人，节目所传递出的中国美食文化更征服了无数吃货。我承认我是一边看着精美的让人垂涎欲滴的美食，一边努力地吞咽着口水，连续几个晚上迫不及待地追完了7集。睡觉的时候闭上眼睛，脑海里飞舞着莲藕排骨汤、梭子蟹炒年糕、迷迭香烤羊排、蜜汁叉烧、金丝虾球、梁溪脆鳝、红烧珍珠鲍鱼……打住，打住，口水要流一地了！

　　处理信息就像是做菜，要想做出一桌丰盛的满汉全席，首先就要准备食材，也就是搜集信息的过程，而接下来的分析信息的过程就像是择菜、洗菜、切菜、拼盘。有时候，我们的食材看上去并不是那么清爽和容易下口，就拿"板栗烧鸡"这道菜中的板栗来说，我们拿到从山上采摘到的板栗之后，要给它去壳：第一次是去掉刺猬似的外壳，第二次是去掉平滑的我们常见的壳，第三次是去掉附着在板栗上的外衣，如是这般才达到了初步分析信息的程度。这是一件很琐碎的事情，但却是制作美食必不可少的步骤。如果不会分析信息的话，那么很抱歉，你只能看着板栗干瞪眼。什么？找一种简单的食材？可是即便如此，我们周围没有哪一种不需要处理就能直接吃的食材，当然，如果你过着茹毛饮血般的原始人生活的话那也就不算了。通常我们搜集到的信息如同板栗，包裹着层层外衣。

　　在《读者》看到过这样一个故事：母亲离世后，年过花甲的父亲显得非常孤单，常常一个人坐在家里或者走在院子里，又或者去公园里打打太极拳，更多时候是沉默寡言。小鸟各自张开翅膀寻求更广阔的生存空间，枯枝搭建的鸟窝中，一只羽毛灰暗的老鸟在寒风中瑟瑟发抖。被辛勤养育的4个子女早已成家立业，有的还混得小有名气，又有了自己的子女。兄妹几个商量着是不是该给老父亲找个老伴儿，好歹有个说话的人，要不然子女几个也没时间常来陪伴老人。4人商量着可行之后决定派出大哥为代表，同老父亲说说这件事。老父亲听完后不置一词，第二天大儿子在父亲的书桌上看见一幅苍劲的毛笔字：老来多健忘。子女们于是感叹是自己想多了，看来是老父亲不想提了，自此家中再没有人提起此事。老父亲过世的时候大儿子的女儿已经读大学了，念的是中文系。有一天女孩儿突然在图书馆看见了白居易的一首诗，其中竟然有当年挂在他祖父书房里的那句诗：老来多健忘，唯不忘相思。女孩儿说与父亲听，父亲大吃一惊，原来老父亲一直对自己的初恋情人恋恋不忘。在生命的最后一段时光里，其实老人非常想要再见当年的恋人一面，但又不好意思开口，毕竟自己的儿子大小是个官儿，自己再婚说出去不好听。自己没有正确分析老父亲留下的信息，以至于让老人抱憾而去。

拥有出色的信息分析能力的人才，对一个国家至关重要。二战结束后，日本花费了仅占美国每年研究经费十分之一的钱，就把西方所有的技术学到手了，迅速拉近了与西方世界的距离。20世纪60年代，日本出于战略上的考虑，需要加强同中国关于石油方面的合作，十分关注中国大庆油田方面的信息。日本人对搜集上来的信息进行仔细分析，并最终通过我国《人民日报》上描写的一段铁人王进喜的一句话："好大的油海，把石油工业落后的帽子丢到太平洋去！"最终确定大庆油田的位置、规模和炼油

能力。在其他国家还没有了解清楚的情况下，日本已经着手为大庆油田量身定制所需要的机械设备，当中国向世界宣布大庆油田后，日本已经成功与中国签下贸易协定。我们不得不佩服日本人的信息分析能力。

那么，我们该怎样培养自己的信息分析能力呢？

首先，去粗取精，分解信息。比如"蚝油生菜"这道菜，先要择菜，把青菜枯黄的叶子去掉。然后把一棵生菜分解成一片片生菜叶，再用清水把菜叶上的泥土以及残余的农药洗掉。事情分轻重缓急，信息也要有优先级别。你要知道哪些是非常重要，需要你推掉其他的事情立即处理的，哪些是不太重要可以延缓几天，哪些是根本不需要的信息，可以直接划掉。总之，这个过程就是把信息简单归类，并标注每一类的意义。

其次，识别信息，去伪存真。你有没有到野地里、乡下或者郊外挖过野菜？奶奶说我们要挖一种叫做荠菜的野菜，用来包饺子，味道十分清香。荠菜基叶丛生，挨地，呈莲座状、叶片大头羽状分裂，上部裂片三角形，不整齐，顶片特大，叶片有毛，叶粑有翼。你于是按图索骥，信心满满地挖了一大堆，兴冲冲地拿给奶奶看。奶奶说你挖的有：地米菜、鱼腥草、蕨菜、香菜、枸杞芽、蒲公英、车前草、水芹菜……甚至有一种还是不能食用的有毒的野菜。最近有个朋友在QQ上给我发信息说在外面遇到急事了，希望我给她转账。不知道大家有没有碰到这种情况，收到这样的信息必须警觉。最终发现QQ中毒了，被别人盗取了信息，然后发布虚假信息给别人。这就告诉我们，在使用信息前先一定要分辨信息的真假。

再次，多重分解，由此及彼。信息往往相互关联，不能割裂信息之间的连接。就像食材与食材之间存在着相生相克，最简单的，柿子与螃蟹单独吃没有问题，而搭配在一起吃就会拉肚子；基围虾不能与维生素C一同食用，否则会产生如同砒霜的效果；烧鱼的时候如果加点醋，味道就会很鲜。信息之间的连接也存在着类似于"相生相克"的道理。比如你要举办一个小型Party，邀请朋友A、B、C，但是A与B彼此十分不待见，一见面就争吵，那么你就必须注意这一点。

最后，深入分析，由表及里。学会透过现象看本质，才能得出别人得不到的信息。《射雕英雄传》中，黄蓉为了让洪七公传授郭靖武功，特意做了几道十分诱人的菜来讨好他，其中一道是四条小肉条拼成的。洪七公闭了眼辨别滋味，道："嗯，一条是羊羔坐臀，一条是小猪耳朵，一条是小牛腰子，还有一条……还有一条……"黄蓉抿嘴笑道："猜得出算你厉害……"她一言甫毕，洪七公叫道："是獐腿肉加兔肉糅在一起。"看到这里，洪七公算是个骨灰级的吃货了！吃了一口便可以分析出所有选材，实在是一个分析信息的高手了。最近，美国窃听丑闻全球皆知，据说是通过监控电话拨打的频率、时长等可以排查危害国家安全的隐患。暂不论是否侵犯他人隐私，单就分析信息而言，这确实是极好的一招！

# 信息加工和表达

之前已经对信息进行了分析，现在"板栗和鸡肉"已经洗净、切好、装盘了，客人已经在路上了，还等什么！自然该下锅煎炸烹煮，对信息进行加工和表达了：烧热油锅，烧至六成熟，放入板栗肉炸成金黄色，倒入漏勺滤油；再烧热油锅，至八成熟，下鸡块煸炒，至水干，下绍酒，再放入姜片、盐、酱油、上汤焖3分钟左右。取瓦钵1只，用竹箅子垫底，将炒锅里的鸡块连汤一齐倒入，放小火上煨至八成烂时，加入炸过的板栗肉，继续煨至软烂，再倒入炒锅，放入味精、葱段，洒上胡椒粉，煮滚，用生粉水勾芡，淋入香油即可。如果说信息加工是烧制菜肴，那么信息的表达就是摆盘了。这样一道板栗烧鸡就算做好了，尝一口，鲜香软糯。妈妈说，五味调和才能做出美味佳肴。信息加工

165

也是一样，需要恰当的加工和表达。

　　就连小孩子都懂得如何加工和表达信息，一个小孩子期末考试不及格，却对父母说："爸爸妈妈，我这次考试进步了。""真的吗？"爸爸妈妈很开心："那你考得怎么样呀？""我这次不是倒数第一名了，是倒数第二名！"同样是要给父母传达自己考试的信息，但小孩子却懂得避重就轻，说是进步了一名，而不说考试没及格。好似同一种食材，拿鱼来说，要是新鲜的话就清蒸，凸显出鱼的鲜美；如果鱼已经不新鲜了就做成水煮鱼片，用花椒等调味；又或者做成红烧鱼块儿、炸鱼块儿等。如何加工信息取决于现实需求。比如说，你想把一个信息传递给他人，如果用打电话的方式，你会尽量用最少的字表达最多的信息，语言精简；如果用QQ聊天的方式，你会选择趣味性强的表达方式，连接上视频或者发图片，直观而且趣味性强；如果是面对面聊天或者演讲，同样的信息，你会更注重语音、语调、神态、表情等方面。

　　五味若不调和，或太咸、太辣、太甜、太酸，哪怕食材再好，食物也难以入口。不恰当的加工和表达信息，就会造成信息接收者的难以下咽。

　　从前，有个人请了4个朋友到自己家里吃饭，朋友们一个接一个陆续地到了，还有一个没到。主人左等右等还没有等到人，忍不住叹了口气："哎，该来的怎么还不来啊！"第一个人心里想着："他说该来的还不来，意思是说我不该来咯！"思至于此，心里十分气愤，一拍桌子，掉头就走了。主人连忙挽留却留不住，又叹了口气："哎呀，不该走的又走了！"第二个人心里十分不是滋味："不该走的走了，那就是说我这个该走的没有走咯？"于是甩了甩衣袖也走了。主人赶紧说："别呀，我说的又不是你们！"第三个人一听顿时不淡定了，想着："不是他们，那说的就是我咯！"主人拦都拦不住。这个人就是由于不会表达，结果得罪了人还不知道。可见善于表达是多么重要！

信息的加工要注意两个方面：

第一，要善于运用创造性思维。如何把繁杂、无序、枯燥的信息进行条分缕析，把握其中的规律，以一种生动灵活的方式来加工信息和表达信息。食材其实固定起来就是那么几样，然而，好的厨师却能每日不重样，花色翻新，味道各有不同，究其原因在于厨师的创造性思维，善于加工食材。从小到大，你已经接触到了不少老师，然而他们的课有的风趣幽默、有的枯燥无味、有的平淡质朴、有的亲切和蔼……不一而足，同样是教授知识，同样是教授语文或者数学，有的老师的课程让你过目不忘，回味无穷，而有的老师讲的课却让你昏昏欲睡。我想说，这不是学生的错，这是老师不会运用创造性思维，不能够灵活加工信息和表达信息。

第二，要实事求是地加工信息。信息的价值就在于真实，任何主观臆断的信息都是毫无意义的，更不能生拼硬凑，把原本并不相关的、不同性质的、不同时间的、不同空间的杂糅到一起，造成真实性的缺失。人为的夸大或者忽略信息的做法都是不科学的。最近网上一个题为《开封县县招办把我的大学梦毁了》的帖子，出现在百度贴吧的"河南吧"里。发帖者说，自己叫李盟盟，是河南开封县开封四中的学生，今年高考分数565分，报志愿那天，开封县招生办的工作人员把自己的申请表锁在抽屉里忘了提交，导致自己现在任何大学都上不成，一家人的梦想彻底破灭。病毒式传播导致民众愤怒，最终经央视记者实地调查，发现是子虚乌有，根本不存在这样一个人。网络是很方便的平台，草根也可以发表自己的观点，然而正因为如此，许多冲击眼球的新闻未必是真的。我们在加工和表达信息的时候一定要记住实事求是，不夸大、不伪造！

有人说，信息的全部表达等于7%的语调加38%的声音加55%的肢体语言，由此可见，语调、声音、肢体语言对信息表达效果的重要程度。在电视剧中或者生活里，尤其是在吴君如的电影，我们常常看到或听到这样的情节：吴君如扮演的正妻打扮得土里土气，356天里天天如一，而他老公常常搂着小三儿甜言蜜语，对正妻却没有好脸色。有一天这个男人生日，吴君如憨憨地说生日快乐，而小三儿则秀色可餐地甜言蜜语。同样是表达对这个男人的关心，小三儿明显更讨人喜欢一点，究其原因在于吴君如的穿着打扮及语言表达不够艺术！同样一道鱼，学校里的大锅鱼同高档餐厅里的红烧全鱼，价格相差不可谓不大。很明显高档餐厅里的红烧全鱼无论是调味还是摆盘都是不同的，高档餐厅里处理得更具艺术感。由此可见，信息加工和表达的不同，得到的结果会很不同。

那么，该如何来表达信息才能让自己的信息不至于丢失了信息本来的意义，反而能比较艺术地展现出来呢？这就要求我们考虑各种情况，在不同场合，学会有针对性地加工信息和表达信息。

信息的表达没有固定的程式，一般说来：重要的信息，要清楚地说，越重要越不能出错；不重要的信息，尝试着幽默地说，让自己的表达越来越有魅力；紧急的信息，一定要慢慢地说，人在慌忙之中，神经会绷得很紧，越急越容易出错；涉及别人隐私的信息，要小声地说，要顾及别人的情绪；令人开心兴奋的信息，要分场合说，有时候场合比较肃穆，要考虑合不合适；让人悲伤的信息，不要见人就说。还记得鲁迅小说中逢人便诉说自己苦难的祥林嫂吗？见人就说悲伤的信息，会让自己变得像祥林嫂一样让人厌烦；不确定的信息，要比较谨慎地说，说出去的话是泼出去的水，想收就收不回来了；还没有发生的信息，不可以随便说，比如世界末日，没发生以前谁都不能确定，但之前一直传言2012是世界末日，结果现在2012已经过去了，地球还是好好的；当下的信息，要小心地说，小心无大错，没有把握的信息不能随便说，发生在当下的一定要调查清楚再说；涉及未来的信息，等未来再说；而关于自己的信息，静下心听听别人怎么说，往往当局者迷，老是诉说自己的信息，难免有自吹自擂的嫌疑。

# 为什么要正确认识自我

　　孙子兵法《谋攻篇》有云：知己知彼，百战不殆；不知己而知彼，一胜一负；不知彼，不知己，每战必殆。正确认识自我不仅能够极大地影响作战成败，也能对一个人的成长产生举足轻重的作用。人贵有自知之明，能够正确认识自我是一件非常了不起的事，一个人最优秀的品质在于能够正确认识自我，并修正自己的不足，只有这样，你才能发现生活的美好和他人的优点。

　　那么，什么是正确认识自我呢？

　　"当我睁开眼睛，发现自己竟然什么也看不见，眼前一片黑暗时，我像被噩梦吓到一样，全身惊恐，悲伤极了，那种感觉让我今生永远难以忘怀。"19世纪美国著名的盲聋女作家、教育家、慈善家、社会活动家海伦·凯勒在《假如给我三天光明》中这样写道。失去了视觉和听觉的痛苦可想而知，然而海伦·凯勒却凭借着自己的顽强意志力，在安妮·沙利文老师的帮助下掌握了5国语言，并完成了一系列的著作。无独有偶，中国当代轮椅作家史铁生，在22岁最美好的青春年华里遭遇病魔的袭击，却能够在重大困厄面前坚强不屈，直面生命中的坎坷与磨难。"我常以为是丑女造就了美人，我常以为是懦夫衬托了英雄，我常以为是愚氓举出了智者，我常以为是众生度化了佛祖。"史铁生最终以一颗平静的心接受了自己余生将在轮椅上度过的事实，正确地认识到自己的不足，纠正了自怨自艾的心态，当之无愧地成为了当代最伟大的作家之一。

所谓"当局者迷旁观者清"，我们很容易就能认识到别人的不足，一叶障目，我们却很难正确地认识自我。大清王朝的闭关锁国政策造成中国与外界的长期隔绝，看不到世界上如火如荼的工业革命所带来的极大繁荣，看不到自己与别国的差距，沉醉在辉煌的美梦中，固守大国姿态。直至两次鸦片战争，敲醒了夜郎自大的清政府，但为时已晚。列强纷沓而至，把中国当作待宰的羔羊，争先恐后地分一杯羹。屈辱的《南京条约》《北京条约》《马关条约》《黄埔条约》《辛丑条约》……割地、赔款、开口岸，中华民族逐渐沦为半殖民地半封建国家的深渊，国将不国，受尽列强凌辱。太平天国运动、洋务运动、戊戌变法运动、义和团运动……中国人民不断地探索救亡图存的道路，不断地遭受失败。最终，在中国共产党的领导下，正确认识到中国的国情，经过几代人的浴血奋战，认识到只有社会主义才是最适合中国的社会制度。

认识自我是一个漫长的、不断发展变化的过程，无论是高尚的人或者卑劣的人，睿智的人或者愚笨的人，在人生的长河中，在喧嚣的人群中，在灯红酒绿的浮华中，往往会迷失自我。伟大的英国科学家牛顿提出了万有引力定律和牛顿运动定律，发明了微积分、反射式望远镜和光的色散原理，为近代工程力学奠定了基础，做出了卓越的贡献。然而，牛顿晚年却没有正确地认识自己，也没有正确地认识世界：在生命的后30年里，牛顿专注于炼金术和对神学的研究，走到了科学的对立面上，以致于无所成就。牛顿亲手播下的科学种子最终彻底摧毁了他后期所沉醉的神秘主义，实在是太讽刺了，不能正确认识自己贻害至此！

不能正确认识自己不仅会给自己造成危害，严重的还会对他人造成伤害。春秋战国时期，赵国名将赵奢的儿子赵括年少时学习兵法，自认为颇有军事才能，常常与人进行军事理论，连他的父亲也辩不过他，因此十分骄傲，认为自己已经是天下无敌了。等到赵括亲自领兵与秦军作战的时候，才知道原来纸上谈兵的理论根本就不足以应付实际战争，手下的40万赵军尽数被歼灭，而他自己也被秦军的乱箭射死，致使赵国最终被秦国所灭。曾有诗云：九牛一毫莫自夸，骄傲自满必翻车。历览古今多少事，成由谦逊败由奢。赵括如果能够正确认识自己的不足，也不至于造成不可挽回的悲剧。

　　古往今来，伟大的人物通常是智者，他们不仅为社会进步做出了巨大贡献，还为我们树立了敢于直面自我的人生榜样。凡是读过法国作家卢梭《忏悔录》的人，通常都会非常震撼：在这部"灵魂自白书"中，卢梭毫不避讳地袒露了自己年轻时所做过的种种丑恶行径，当过小偷、出卖过朋友、嫁祸过他人。触目惊心的文字让人几乎无法直视，他把自己剖析得鲜血淋漓，体无完肤。鲁迅先生曾说过：我虽时时在鞭挞他人，但更多是在无情地剖析我自己。一个能够正确认识自己的人不会去矫饰过往，而是以一种超脱的姿态跳过自己所处的时代来观察自己，从而能够指导未来的人生。

　　那么，究竟该如何正确认识自我呢？

　　第一，自尊。你首先要尊重自己、自我爱护，肯定自己的价值，如果连你自己都不尊重自己的话，你凭什么指望别人尊重你！自尊始于知耻，不做庸俗卑贱的事，有尊严的生活。既不向别人卑躬屈膝，也不允许别人歧视、侮辱。自尊的人才能自信，才能更客观地看待自己的优点与缺点，学会扬长避短，不断地更新、不断地完善对自己的认识。

　　第二，虚心。上善若水，水居下则万物利，虚怀若谷，方能海纳百川。巴甫洛夫说过：决不要陷于骄傲。因为一骄傲，你们就会在应该同意的场合固执起来；因为一骄傲，你们就会拒绝别人的忠告和友谊的帮助；因为一骄傲，你们就会丧失客观标准。真正的虚心是一种深思熟虑之后的产物。

# 自我形象的观察

　　看完王家卫导演的电影《花样年华》，给人印象最深刻的要数穿在张曼玉身上的一套又一套裁剪精美的旗袍了，配合着曼妙优雅的体态，气质动人；还有梁朝伟那双会说话的眼睛，那被打理得一丝不乱的头发，实在是养眼得很。俊男美女，这样的形象无疑是极受欢迎的。当我们走在大街上，眼睛会不由自主地搜索身边形象良好的人。所谓回头率高，就是指形象得到大众认可度高，当他或她已经从你身边过去了，你还忍不住回望。

　　卞之琳的《断章》十分有意思："你站在桥上看风景，看风景的人在楼上看你。明月装饰了你的窗子，你装饰了别人的梦。"当你在看别人的时候，别人也在打量你。你有观察过自己的形象吗？如果把形象用百分制来评判，你自己的形象可以得多

少分呢？你及格了吗？

一、着装

虽然犀利哥的造型很经典，虽然丐帮帮主的穿着也很吸引眼球，虽然网上各种"干露露""湿漉漉"，虽然……但也只是虽然。你绝不想成为那样的焦点，你知道，前者是无奈，后者是无知。观察你自己的穿着搭配，是否符合以下几点：

第一，干净整洁。请记住，任何时候任何地方见任何人，邋里邋遢都是不受欢迎的。干净整洁对女孩子来说是最基本的要求，达不到这一点，你已经不是女孩子了；男孩子不要以为打完篮球后还穿着沾满一身臭汗的球衣会很帅，女孩子只想离你远远的。

第二，搭配得当。什么样的衣配什么样的裳，什么样的衣服配什么样的鞋子，全身上下衣服主色不超过3种。学会合理搭配是一门学问，好的搭配会给你的形象加分，稀烂的搭配则会让你成为别人的笑料。还记得读高中的时候，某一次语文老师（男的）的穿着搭配：上衣是扣子齐整的西装，下面是运动裤，再配上一双运动鞋。老师丝毫没觉察，同学们在底下笑了一节课。

第三，穿着得体。这包含两个方面，符合年龄和场合。十几岁的年龄，应该多穿些活泼亮丽的衣服，正符合朝气蓬勃的姿态，而颜色暗沉的衣服则会让你显得不合群；严肃庄重或公开场合里不要穿吊带、背心、超短裙之类太随意的衣服，这样会显得你很没有礼貌。

## 二、体型

当年芙蓉姐姐在网上恶搞的时候，许多网民在看着傻乐，如今芙蓉姐姐成功变成励志姐，甩掉50赘肉，许多人再也笑不出来了。物质文明的极大丰富，造成在这个小胖墩儿辈出的时代，偏瘦的体型很讨好大众眼球。

其实，环肥燕瘦，各有千秋，身量苗条或者体态微丰都是美的。按照身高、体重之间的比例来计算，百分之十左右的浮动都是合理的。任何事情都讲究一个度，超过了这个度会威胁身体健康，就该采取必要的措施来改善一下形象了。

对于体型过瘦的人，一句话，多补充营养。

对于过度肥胖的人而言，减肥是刻不容缓的事情，尤其是女孩子。芙蓉姐姐都减下来了，你还有什么理由不减肥？台湾著名综艺节目主持人小S说：要么瘦，要么死。虽然说得有点儿严重，但还是指出了减肥的重要性。男孩子也不要得过且过，不要以为男孩子以事业为重，体型什么的不重要，没有哪一个女孩子喜欢胖子。减肥药、减肥茶、抽脂什么的纯粹是骗钱的，你要相信你就上当了。

第一，控制饮食。虽然不能一口吃成个大胖子，但胖子确实是一口一口吃出来的。节食绝对不靠谱，你就不用自虐了。如果你已经属于严重偏胖的那一类，从现在起，按时吃饭，除了一日三餐，禁止任何零食。每当你控制不住的时候就想想商场里那些你喜欢却穿不了的漂亮衣服，你还想忍受服务员直接对你说"对

不起，没有你的尺寸"的难堪吗？

第二，运动锻炼。这是唯一得到官方认证的健康有效且适合所有人的减肥方法。运动减肥贵在坚持，三天打鱼两天晒网是不行的，你可以同室友一块锻炼，相互督促。

第三，多站少坐。中学生减肥最大的弊端就在于长时间坐着，这样极易导致赘肉囤积在腰腹大腿部。上下课间隙多到外面走走，多跑几次厕所，多爬几次楼梯。

### 三、皮肤

如果上述两项可以得满分的同学这一项没有做好的话，当心成为传说中的Shadowkiller。

还记得陈好代言的自然堂化妆品广告语：你本来就很美！广告中面容姣好的陈好，那吹弹可破的肌肤，仿佛刚剥壳儿的熟鸡蛋。你是不是为此怦然心动？

相信很多同学喜欢看金庸老前辈的《鹿鼎记》，个人认为陈小春版最得原著神韵。其中有个片段：韦小宝在茶楼偶然瞥见"花布美人"阿珂，顿时一见倾心，于是直接跳窗下楼寻找，扳过一个又一个"背多分"，还是没找到。突然瞥见一个蒙着面纱遮住半张脸的女子，韦小宝迫不及待地掀开了她的面纱。只见那半张脸上布满了狰狞的痘痘，韦小宝顿时倒退一步做呕吐状。由此可见皮肤对形象来说是多么重要！要想拥有越来越好的皮肤，要做到以下几点：

第一，按生物钟作息。这一点是健康的基础，每天早睡早起，确保11:00至凌晨1:00处于深度睡眠状态。皮肤如果得不到休整调息，其他的一切都是空谈。

第二，清洁护肤。看看你的手腕，脉搏跳动的那一块儿区域，就是你全身皮肤原本可以达到的嫩白程度。长痘痘一般是皮肤分泌的油脂堵塞了毛孔，要坚持每天早晚清洁皮肤。

第三，饮食清淡。少吃、不吃油腻食物、肥肉、奶油、巧克力等，吃清淡、素净食物。

第四，正确处理皮肤问题。用手抠痘痘会留下疤痕，25岁一过就再也祛不掉。最好的办法就是任其自生自灭。

**四、举止**

每次看见穿着打扮都非常得体的女孩子迈着粗犷的外八字步，我心里就异样地难受，好比看见一只上好的景德镇瓷器有了一个缺口，一盘清雅的江南小菜放多了盐，一幅魏晋水墨丹青无意中染了油脂，可惜了！得体优雅的举止比长相更重要，它所体现的是一个人内在的修养。就像一个人如果有当众随便剔牙、掏耳、挖鼻、搔痒、抠脚等不良习惯动作，不管那个人长得再出众，你也已经倒了胃口。

那么究竟该怎样做才算是举止优雅得体呢？

第一，礼仪。你要知道基本的礼节，比如如何握手、如何致意、如何就坐，如何就餐等等。谈话时不要总自己讲，应让别人有讲话机会。别人讲话，不要随便插嘴，打断别人话头。说话时不可用过多过大的手势。谈话声音不要过高，以使对方能听清为宜。

第二，姿态。包括站姿、坐姿、走姿。站一定要挺，抬头挺胸收腹；坐姿一定要雅，上身要正，臀部只坐椅子的三分之一，腿可以并拢向左或向右侧放，也可以一条腿搭在另条腿上，两腿自然下垂。但切忌两腿叉开，腿也不能翘椅子上；要走得旁若无人，目不斜视，走出自己的气势，不要急步流星，也不要走得生怕踩了路上的蚂蚁，要不快不慢，稳稳当当。

第三，表情神态。这主要体现在三个方面：眼神、笑容、面容，与人交往要表现出对他人的尊重、理解和善意，要面带自然微笑，表情僵硬是不礼貌也是不优雅的。

## 五、气味

把气味写在最后，不表示它不重要，相反，它在某种程度上能够直接决定你的形象，决定他人与你的亲密程度。

绿箭口香糖广告，五月天坐车将口香糖递给一个女孩说"交个朋友吧"，成功地打出清新绿箭薄荷口香糖的旗号。口香糖成为搭讪利器，管中窥豹，气味的重要性可见一斑。曹雪芹先生在《红楼梦》中借贾宝玉之口，道出了气味的重要性：女儿是水做的骨肉，男人是泥做的骨肉。我见了女儿便清爽，见了男子，便觉浊臭逼人。

气味会影响自我形象已经无需赘言，你有没有注意到自己的气味呢？

第一，口气。稍不处理好，口气就会变成一个很尴尬的问题。我在做记者的时候曾经采访过一位非常优秀的学姐，她的穿着打扮以及言谈举止都非常优雅得体，简直让人赏心悦目，可是，让我尴尬的是，她的牙齿很黄，口气亦不十分让人愉悦。采访完成后我一直犹豫着要不要告诉她这个问题，当面说出来似乎不礼貌而且又容易伤人，况且我们的关系又没好到可以直接指出她缺点的程度，后来不了了之。其实口气的问题很好解决，清晨起床大量饮水或者清茶，一般200~300ml比较合适。饭后10到15分钟刷牙，睡前尤其要刷牙，且刷牙时间不少于3分钟。有时候不方便刷牙就大量饮水或喝茶，再不济就嚼口香糖。坚持一周就非常有效果，长期坚持对牙齿好。

第二，体味。一般说来，素食的人体味轻，肉食的人体味重。根据天气状况，勤洗澡、勤换衣。如果身体气味天生难闻的话，建议用香水，忌过于浓郁、劣质的地摊货。

 # 自己精神世界的观察

　　精神世界是相对于物质世界而言的，观察自己的精神世界不是一件容易的事情。苏轼曾有诗云："横看成岭侧成峰，远近高低各不同。不识庐山真面目，只缘身在此山中。"在观察自己精神世界之前，必须要搞清楚什么是精神世界。法国思想家帕斯卡尔有一句名言："人是一支有思想的芦苇。"指出作为高级生物的人区别于其他生物的地方就在于思想精神。人的精神世界包含三个领域：

　　第一，科学领域。人天生拥有求知欲，试图探求世界的本真。无论是伽利略的天文望远镜，还是哥伦布的环球旅行，抑或是张衡发明的"地动仪"，在科学的领域里，人崇尚理性智慧。亚里士多德师从柏拉图20年，柏拉图死后，亚里士多德在总结

前人哲学思想的基础上，否定了他老师的很多观点和理论，后毅然创立了与之截然相反的理论。他曾说过："我爱我师，但我更爱真理。"中学阶段所学习的理工类科目，诸如数学、物理、化学、生物就属于科学领域，我们精神世界中科学领域发展的状况直接决定了我们在现实生活中的智力水平与能力水平。亚里士多德给我们的启示就是要坚持真理，始终秉承一种科学的怀疑精神，以一种理性、严肃、审慎的态度，不迷信权威，勇于探索、勇于发现。

第二，艺术领域。时下热播的《我要上春晚》《舞出我人生》《中国好声音》等电视节目中，一首又一首天籁之音、一曲又一曲惊鸿之舞让人不断地感受到艺术所迸发出来的光芒四射的魅力。艺术领域所表现出来的特点就是富有激情，用一种感性的方式发现美、创造美、展现美。我们在艺术领域的发展直接决定了我们外在表现的兴趣、爱好、特长，富有艺术气息的人通常是非常迷人的。曹子建的《洛神赋》、顾恺之的《仕女图》、王羲之的《兰亭集序》，艺术表现的方式是多种多样的；艺术也是无国界的，东方水墨画、西方油彩画，但却并不影响大众审美。

第三，人文领域。我们通常所说的政治态度、道德水平、性格等，都属于人文领域。众所周知，国际交往很复杂，通常就一个细小的问题发生争执不欢而散，国际会议通常很难达成一致。然而在万隆会议上，我们的周恩来总理凭借着自己的人格魅力，最终使会议走向圆满。人文领域连接着科学领域与艺术领域，融理性、感性、悟性于一体，表现出一种善。亲情、友情、爱情是人类生命中最重要的三种感情，在不同的阶段会有不同的表现。从年少到年老，会渐渐经历各种情感问题，这是必经的成长过程。

我们精神世界的这三种领域缺一不可，没有科学领域，人就会缺少理性，成为一个愚蠢而不会思考的人；缺少艺术领域，人生就会缺少色彩和乐趣；缺少人文领域，人就会与社会格格不入。一个精神世界贫乏的人必定语言无味面目可憎，犹如行尸走肉。

精神世界贫乏的人通常表现为无聊和空虚，无聊有时会烦躁，有时又会因为一些小事而胡思乱想，每天除了玩手机还是玩手机。整天无所事事，没有目标没有方向。空虚无聊使人感到寂寞孤独，极易诱导人寻求极端或不正当的方式消遣。

一是，沉迷于网络游戏。小明一年前开始玩网络游戏《梦幻西游》，他在游戏中所练的角色已经是所在区的第一名。小明说，他练这个号已经花掉了5万多元，最初是自己上网练号，曾经几天几夜不睡觉，饿了就吃方便面。夜以继日地练号，使他在网络游戏中的角色排名越来越靠前。游戏中帮派之间的战争他必须出场，他说很有龙头老大的感觉。另外，为了提升角色的能力，还在网上花钱买装备，现在他的游戏角色的装备价值近万元。

二是，网恋。网络的兴盛产生了网络聊天的消遣方式，精神世界的贫乏，导致了空虚寂寞的人沉迷于网聊。网络本身就是虚幻的，真真假假，甚至有图谋不轨的人利用中学生对网络的美好

憧憬，进行犯罪。由于辨别是非的能力还不强，中学生很容易就陷入网恋无法自拔，如果网恋受到打击，更容易影响情绪，并且把这种情绪带到现实生活中，容易形成孤僻、急躁、冲动的性格。

三是，抽烟酗酒。精神世界的贫乏造成正确价值观的缺失，许多中学生天真地以为抽烟酗酒就是一种很酷很帅的行为，其实愚蠢之极。抽烟酗酒不仅影响身体健康，还造成人际交往障碍、情绪异常、记忆力下降、精神颓废，并且随着数量的增加、档次的提高，也造成了一笔不小的开支，成为犯罪的诱因之一。

四是，暴力犯罪。由于沉迷于网络以及上述其他恶习，造成经济来源危机，思虑尚不成熟的中学生很容易走上抢劫他人财物的道路。一天晚上，某县中学的4个学生，傍晚闯进了城郊某中学的男生宿舍，掏出匕首威胁并殴打宿舍学生，共抢劫数百元。由于报警及时，他们在一个小时内落网。

人们的精神世界空虚会造成信念和追求的缺失，随波逐流，造成社会极大的不稳定。在物质世界日益丰富的情况下，只有不断增强人们的精神世界建设，增强人们的精神力量，才不至于使人陷在物质欲望的无底洞中白白浪费生命。中学生作为祖国未来的栋梁之材，学会丰富自己的精神世界显得尤为重要：

1.树立正确的世界观、人生观、价值观。真理与邪说，高尚与卑鄙、正确与错误、美好与丑恶，往往只在一念之间。用不同的思想来充实人的大脑，就会把人引导向不同的人生道路。如果让错误的思想如潘多拉的魔盒般涌入你的思维，你就会很容易地陷入万劫不复的深渊之中。

2.做好人生规划。明确到每一天每一个小时。也许有同学会说现在做规划是不是太早了？我要问你：你想早一点成功还是晚一点成功？你觉得是20岁成功比较好，还是年老了再成功比较好？早点做好人生规划，就会少走很多弯路。有规划和没有规划的人是非常不同的，没有规划的人将浑浑噩噩地度过一生；而有规划的人每一刻都清楚地知道自己要去做什么，在完成本目标以前他是没有时间浪费在毫无意义的网游之上的。你要考上一个好的高中或者一个好的大学，就必须在这期间达到它的要求，每一天你都有很多事情要做。

3.培养广泛的兴趣爱好。兴趣爱好不是与生俱来的，有的兴趣是要培养的。找出自己最擅长的方面来发展，兴趣与能力结合起来。舞蹈也好、表演也好、乐器也好、武术也好、厨艺也好……学习一门让自己终身受益的本领。如果你坚持认为自己没有什么兴趣，那只能说你所接触到的东西还太少，不了解又怎么谈得上喜欢？从兴趣开始通过各种途径去了解它：图书馆、网络、朋友交流等，越深入接触，你就会越舍不得放手。记住，要从自己最擅长的事情着手！

4.多读书，好读书，读好书。读一本好书就如同在与一位智者交谈，努力学习各种知识，用心看书、用心体会。书可以教给你一切你想学的知识，书中自有黄金屋，书中自有颜如玉，书中

自有千钟粟。阅读是一件无比快乐的事情，它能涤荡灵魂，带走你眉宇间的烦闷、耳边的嘈杂、内心的浮尘。人生有涯学海无涯，通过书本，把别人的智慧收纳到你自己的头脑之中。就像练武接受灌输，平白增加了一个甲子的内力，一拳击出，自然与没读书前厚重百倍。

5.多与身边的人沟通联络感情。多观察父母，与父母讲一讲学校里的事情，学着帮爸妈做些家务，你将会看到父母为你付出了多少，体味父母的艰辛。仔细算一算，你与父母待在一起的时间并不长了，等你将来念大学、工作，必会聚少离多，趁着现在多关心你父母。莫等树欲静而风不止，子欲养而亲不待；伟大的友谊可以持续一生，人之相交贵在知心，与朋友们一起听歌、谈心、旅游、看电影，相互学习；关于感情，中学阶段应以学业为主，但并不排斥能够共同进步的朦胧爱恋。